W E I J I F E N

J I A O C H E N G

微积分教程

张海山 杨清霞 编著

图书在版编目(CIP)数据

微积分教程/张海山,杨清霞编著.—北京:中央民族大学出版社,2019.8(2022.9重印)

ISBN 978-7-5660-1702-4

Ⅰ.①微… Ⅱ.①张… ②杨… Ⅲ.①微积分 Ⅳ.①O172

中国版本图书馆CIP数据核字(2019)第178330号

微积分教程

编　　著　张海山　杨清霞
责任编辑　李　飞
责任校对　杜星宇
封面设计　舒刚卫
出版发行　中央民族大学出版社
　　　　　北京市海淀区中关村南大街27号　邮编:100081
　　　　　电话:(010)68472815(发行部)　传真:(010)68932751(发行部)
　　　　　　　　(010)68932218(总编室)　　　　(010)68932447(办公室)
经 销 者　全国各地新华书店
印 刷 厂　北京鑫宇图源印刷科技有限公司
开　　本　787×1092　1/16　印张:12.5
字　　数　210千字
版　　次　2019年8月第1版　2022年9月第4次印刷
书　　号　ISBN 978-7-5660-1702-4
定　　价　50.00元

前言

高等数学已经成为大学的公共课．大学数学教学中的微积分课程是数学科学的重要分支，从其初始概念的提出到今天，在世界范围内已经形成非常完善的理论体系，在社会发展和各国的国家建设中发挥着不可取代和越来越重要的作用．许多学生在学习微积分时恐惧该学科对无穷性的分析和演算，产生了厌学和逃避的情绪．如何让微积分知识走下理论神坛，推动我国微积分教学向现代化、实用化方向发展，是大学微积分课程教学改革的重点，也是本书着力思考和努力进行突破的地方．

对广大学生来讲，大学的数学教育不仅仅是基础技能教育，更是素质教育和思维培养．基于此，本书内容上力求简明、扼要，在叙述中淡化细节，注重阐述数学思想，避免了过多的数学推导给学生带来的压力和恐惧，有助于学生从感性上建立对数学知识的理解和认同．本书在理论上保持了数学界一贯的完整性和严谨性．全书共分成五章，虽然章节不多，但承接有序．书中突出了对数学基本思想的理解，强调学生的数学思维训练．本书循序渐进，通俗易懂，例题习题设置典型丰富．在教材中把学习提要和学法建议传授给读者，有利于学生自主学习．同时逻辑清晰，内容紧凑，深入浅出，难度适中，也便于教师组织教学．

本书最大的特点是很好地架构起了大学数学和中学数学的桥梁，

衔接自然顺畅，注重传授数学基础知识和培养数学人文素养的统一．作为一个大胆的尝试，为了强调积分与方程的关系，本书将微分方程放在不定积分和定积分之间进行介绍，希望能收到预期的教学效果．

本书属于基础课用书，可以作为大学本科预科、大学本科文、史、哲、语言等专业的数学教材，也可供高职、自考、专科的学生使用．

限于编者水平，同时编写时间也比较仓促，教材中的不妥之处，恳请广大专家、同行和读者批评指正．

编　者

2019 年 3 月

目　录

第一章　函数、极限与连续

本章学习提要

• 本章主要概念有：函数定义，极限定义，无穷小量与无穷大量定义，连续定义；

• 本章主要定理有：两边夹定理，单调有界数列必有极限定理，介值定理，零点存在定理；

• 本章必须掌握的方法是：函数定义域的求法，极限的各类求法，间断点的分类方法，方程有根的证明方法．

引　言

极限的思想是由求某些实际问题的精确解而产生的．我国古代数学家刘徽（公元三世纪）利用圆内接正多边形来推算圆面积的方法——割圆术，就是极限思想在几何学上的应用；春秋战国时期的哲学家庄子（公元前四世纪）在《庄子·天下》篇中对“截丈问题”有一段名言：“一尺之棰，日取其半，万世不竭”，其中也隐含了深刻的极限思想．极限方法是研究函数的一种最基本的方法，高等数学中的许多基本概念都是利用极限来定义的．

第一节　函　数

一、集　合

1. 集合概念

具有某种特定性质的事物的总体称为集合，简称为集，常用大写字母 A，B，C 等表示．集合中的事物称为该集合的元素，简称为元，常用小写字母 a，b，c 等表示．

元素与集合的关系

若 a 是集合 A 中的元素，则称 a 属于 A，记为 $a \in A$；若 b 不是集合 A 中的元素，则称 b 不属于 A，记为 $b \notin A$.

含有有限个元素的集合称为有限集，不是有限集的集合称为无限集．

集合的表示方法

（1）列举法

把集合中的元素一一列举出来的表示法，称为集合的列举法．由元素 a_1，a_2，…，a_n组成的集合 A，可表示成 $A=\{a_1, a_2, \cdots, a_n\}$.

（2）描述法

若集合 A 是由具有某种性质 P 的元素 x 的全体所组成，则可表示成 $A=\{x \mid x$ 具有性质 $P\}$.

例 1　集合 A 是方程 $x^2-1=0$ 的解集，分别用列举法和描述法表示集合 A.

解：列举法 $A=\{-1, 1\}$，描述法 $A=\{x \mid x^2-1=0\}$.

【注】 习惯上，用 **N**，**Z**，**Q**，**R** 表示自然数集，整数集，有理数集和实数集．

集合与集合的关系

设 A，B 是两个集合，若对 $\forall x \in A$，都有 $x \in B$，则称 A 是 B 的子集，记为 $A \subseteq B$，读作 A 包含于 B. 若 $A \subseteq B$ 且 $B \subseteq A$，则称集合 A 与集合 B 相等，记为 $A=B$.

若 $A\subseteq B$ 且 $A\neq B$，则称 A 是 B 的真子集，记为 $A\subset B$. 例如 $\mathbf{N}\subset\mathbf{Z}\subset\mathbf{Q}\subset\mathbf{R}$.

不含任何元素的集合称为空集，用 $\varnothing$ 表示，且规定空集 $\varnothing$ 是任何集合 A 的子集，即 $\varnothing\subseteq A$.

若所讨论的集合都是集合 E 的子集，则称 E 是全集．对任何集合 A，都有 $A\subseteq E$.

2. 集合运算

定义 1

设 A，B 是两个集合，E 是全集，

（1）集合 $A\cup B=\{x\mid x\in A$ 或 $x\in B\}$ 称为 A 与 B 的并集；

（2）集合 $A\cap B=\{x\mid x\in A$ 且 $x\in B\}$ 称为 A 与 B 的交集；

（3）集合 $A-B=\{x\mid x\in A$ 且 $x\notin B\}$ 称为 A 与 B 的差集；

（4）集合 $\overline{A}=\{x\mid x\notin A\}=E-A$ 称为 A 的补集；

（5）集合 $A\times B=\{(x,\ y)\mid x\in A$ 且 $x\in B\}$ 称为 A 与 B 的笛卡尔乘积．

运算性质

设 A，B，C 是三个集合，E 是全集，

（1）交换律　$A\cup B=B\cup A$，$A\cap B=B\cap A$；

（2）结合律　$(A\cup B)\cup C=A\cup(B\cup C)$，$(A\cap B)\cap C=A\cap(B\cap C)$；

（3）分配律　$(A\cup B)\cap C=(A\cap C)\cup(B\cap C)$，

$(A\cap B)\cup C=(A\cup C)\cap(B\cup C)$；

（4）摩根律　$\overline{A\cup B}=\overline{A}\cap\overline{B}$，$\overline{A\cap B}=\overline{A}\cup\overline{B}$；

（5）吸收律　$(A\cap B)\cup A=A$，$(A\cup B)\cap A=A$；

（6）同一律　$A\cap E=A$，$A\cup\varnothing=A$；

（7）零律　$A\cup E=E$，$A\cap\varnothing=\varnothing$；

（8）互补律　$A\cup\overline{A}=E$，$A\cap\overline{A}=\varnothing$；

（9）双重否定律　$\bar{\bar{A}}=A$.

3. 区间和邻域

区间

设 a，b 是实数，且 $a<b$，则

(1) 数集 $(a, b)=\{x \mid a<x<b\}$ 称为开区间；

(2) 数集 $[a, b]=\{x \mid a\leq x\leq b\}$ 称为闭区间；

(3) 数集 $[a, b)=\{x \mid a\leq x<b\}$ 和数集 $(a, b]=\{x \mid a<x\leq b\}$ 都称为半开半闭区间.

以上四个区间都称为有限区间，a，b 称为区间的端点.

(4) 数集 $(a, +\infty)=\{x \mid x>a\}$、数集 $[a, +\infty)=\{x \mid x\geq a\}$、数集 $(-\infty, a)=\{x \mid x<a\}$、数集 $(-\infty, a]=\{x \mid x\leq a\}$ 和数集 $(-\infty +\infty)=\mathbf{R}$ 都称为无限区间.

邻域

设 x_0 是任一实数，δ 是一个较小的正实数，称开区间 $(x_0-\delta, x_0+\delta)$ 是以 x_0 为中心，以 δ 为半径的邻域，记为 $U(x_0, \delta)$. 集合 $U(x_0,\delta)-\{x_0$ 称为以 x_0 为中心，以 δ 为半径的去心邻域，记为 $\overset{0}{U}(x_0, \delta)$.

【注】 今后常用希腊字母 ε 和 δ 表示很小的正实数.

二、函　数

1. 函数的有关概念

定义 2

设 D 与 B 是两个非空实数集，如果存在一个对应规则 f，使得对 D 中任何一个实数 x，在 B 中都有唯一确定的实数 y 与 x 对应，则对应规则 f 称为在 D 上的函数，记为 $y=f(x)$，其中 x 称为自变量，y 称为因变量，D 称为定义域，当自变量 x 遍取定义域 D 的每个数值时，对应的函数值的全体组成的数集

$$f(D)=\{y \mid y=f(x),\ x\in D\}\subseteq B \text{ 称为函数的值域}.$$

由定义知，函数是一种对应规则，在函数 $y=f(x)$ 中，f 表示函数，$f(x)$ 是

对应于自变量 x 的函数值，但在研究函数时，这种对应关系总是通过函数值表现出来的，所以习惯上常把在 x 处的函数值 y 称为函数，并用 $y=f(x)$ 的形式表示 y 是 x 的函数．但应正确理解，函数的本质是指对应规则 f.

例如：$f(x)=x^3+4x^2-10$ 就是一个特定的函数，

f 确定的对应规则为 $f(\quad)=(\quad)^3+4(\quad)^2-10$.

函数的两要素

函数 $y=f(x)$ 的定义域 D 是自变量 x 的取值范围，而函数值 y 又是由对应规则 f 来确定的，所以函数实质上是由其定义域 D 和对应规则 f 所确定的，因此通常称函数的定义域和对应规则为函数的两个要素．也就是说，只要两个函数的定义域相同，对应规则也相同，就称这两个函数为相同的函数，与变量用什么符号表示无关，如 $y=|x|$ 与 $z=\sqrt{v^2}$，就是相同的函数，而 $y=\ln x^2$ 与 $y=2\ln x$ 就是不同的函数．

函数的三种表示方法

（1）图像法；（2）表格法；（3）解析式法．

在用解析式法表示函数时经常遇到下面几种情况：

分段函数

在自变量的不同取值范围内，用不同的表达式表示的函数，称为分段函数．

例如：

$$f(x)=\begin{cases}x+1 & x<0\\ x^2 & 0\leq x<2\\ \ln x & 2\leq x\leq 5\end{cases}$$ 就是一个定义在区间 $(-\infty,5]$ 上的分段函数．

$$f(x)=\begin{cases}x & x\geq 0\\ -x & x<0\end{cases}$$ 是一个定义在区间 $(-\infty,+\infty)$ 上的分段函数，这就是绝对值函数 $f(x)=|x|$.

$$f(x)=\begin{cases}-1 & x<0\\ 0 & x=0\\ 1 & x>0\end{cases}$$ 是一个定义在区间 $(-\infty,+\infty)$ 上的分段函数，称为符号函数．

用参数方程确定的函数

用参数方程 $\begin{cases}x=\varphi(t)\\y=\psi(t)\end{cases}$ $(t\in \mathrm{I})$ 表示的变量 x 与 y 之间的函数关系，称为用参数方程确定的函数．例如函数 $y=\sqrt{1-x^2}$ $(x\in[-1,1])$ 可以用参数方程 $\begin{cases}x=\cos t\\y=\sin t\end{cases}$ $(0\leq t\leq \pi)$ 表示．

隐函数

如果在方程 $F(x, y)=0$ 中，当变量 x 在某区间 **I** 内任意取定一个值时，相应地总有满足该方程的唯一的 y 值存在，则称方程 $f(x, y)=0$ 在区间 I 内确定了一个隐函数．例如方程 $e^x+xy-1=0$ 就确定了变量 y 是变量 x 之间的函数关系．

【注】

(1) 能表示成 $y=f(x)$（其中 $f(x)$ 仅为 x 的解析式）的形式的函数，称为显函数．把一个隐函数化成显函数的过程称为隐函数的显化．例如 $e^x+xy-1=0$ 可以化成显函数 $y=\dfrac{1-e^x}{x}(x\neq 0)$．但有些隐函数却不可能化成显函数形式，例如 $e^x+xy-e^y=0$.

(2) 显函数一定可以隐化．

(3) 因为隐函数不一定能化成显函数形式，从而隐函数相对显函数是函数一种更为广泛的表示方法．

(4) 以后要讨论隐函数的求导问题．

幂指函数

形如 $y=f(x)^{g(x)}$ 的函数称为幂指函数．

例如 $y=x^x$，$y=\sin x^{\tan x}$ 都是幂指函数．

【注】

以后要讨论幂指函数的求导问题，方法是通过取对数的方法转化为隐函数的求导问题，由 $y=f(x)^{g(x)}$ 得 $\ln y=g(x)\ln f(x)$.

2. 函数的四种特性

设函数 $y=f(x)$ 的定义域为区间 D，函数的四种特性如下表所示．

函数的四种特性表

函数的特性	定　义	图像特点
奇偶性	设函数 $y=f(x)$ 的定义域 D 关于原点对称，若对任意 $x\in D$ 满足 $f(-x)=f(x)$，则称 $f(x)$ 是 D 上的偶函数；若对任意 $x\in D$ 满足 $f(-x)=-f(x)$ 则称 $f(x)$ 是 D 上的奇函数，既不是奇函数也不是偶函数的函数，称为非奇非偶函数	偶函数的图形关于 y 轴对称；奇函数的图形关于原点对称
单调性	若对任意 x_1，$x_2\in(a,b)$，当 $x_1<x_2$ 时，有 $f(x_1)<f(x_2)$，则称函数 $y=f(x)$ 是区间 (a,b) 上的单调增加函数；当 $x_1<x_2$ 时，有 $f(x_1)>f(x_2)$，则称函数 $y=f(x)$ 是区间 (a,b) 上的单调减少函数；单调增加函数和单调减少函数统称为单调函数．若函数 $y=f(x)$ 是区间 (a,b) 上的单调函数，则称区间 (a,b) 为函数 $f(x)$ 的单调区间	单调增加的函数的图像表现为自左至右是单调上升的曲线；单调减少的函数的图像表现为自左至右是单调下降的曲线
有界性	如果存在 $M>0$，使对于任意 $x\in D$ 满足 $\|f(x)\|\leq M$，则称函数 $y=f(x)$ 是有界的	图像在直线 $y=-M$ 与 $y=M$ 之间
周期性	如果存在常数 T，使对于任意 $x\in D$，$x+T\in D$，有 $f(x+T)=f(x)$，则称函数 $y=f(x)$ 是周期函数，通常所说的周期函数的周期是指它的最小正周期	在每一个周期内的图像是相同的

3. 基本初等函数

六种基本初等函数表

函数	解析表达式
常数函数	$y=C$（C 为常数）
幂函数	$y=x^a$（a 为常数）
指数函数	$y=a^x$（$a>0$ 且 $a\neq1$，a 为常数）
对数函数	$y=\log_a x$（$a>0$ 且 $a\neq1$，a 为常数）
三角函数	$y=\sin x$，$y=\cos x$，$y=\tan x$，$y=\sec x$，$y=\csc x$
反三角函数	$y=\arcsin x$，$y=\arccos x$，$y=\arctan x$，$y=\text{arccot}\, x$

4. 反函数、复合函数和初等函数

反函数

定义 3 设f是D到$f(D)$的单调函数，则对$\forall y\in f(D)$，存在唯一的$x\in D$与y相对应，由此确定$f(D)$到D的函数f^{-1}称为函数f的反函数．

【注】

(1) 若$y=f(x)$，则$x=f^{-1}(y)$，即反函数f^{-1}的对应法则完全由函数f的对应法则所确定．

(2) 由于习惯上用x表示自变量，用y表示因变量，所以$y=f(x)$，$x\in D$的反函数记成$y=f^{-1}(x)$，$x\in f(D)$．

(3) 求反函数的步骤：①反解x，②x，y互换．

(4) $y=f(x)$与$y=f^{-1}(x)$的图形关于直线$y=x$对称．

例 2 求函数$y=\mathrm{e}^{2x}+2$的反函数．

解： 由$y=\mathrm{e}^{2x}+2$反解出$x=\dfrac{1}{2}\ln(y-2)$，则反函数为$y=\dfrac{1}{2}\ln(x-2)$．

复合函数

定义 4 设函数$y=f(u)$的定义域为D_1，函数$u=g(x)$在D上有定义，且$g(D)\subseteq D_1$，则由下式确定的函数

$$y=f[g(x)],\ x\in D$$

称为由函数$u=g(x)$和函数$y=f(u)$构成的复合函数，它的定义域为D，变量u称为中间变量．

例如 $y=e^{\sqrt{x}}$就是$u=\sqrt{x}$与$y=e^u$的复合函数．同样可定义两个以上函数所构成的复合函数．例如$y=e^{\sin x^2}$就是$v=x^2$，$u=\sin v$，$y=e^u$的复合函数．

初等函数

定义 5 由基本初等函数经过有限次的四则运算和有限次的函数复合步骤所构成并可用一个式子表示的函数，称为初等函数．

例如 $y=\sqrt{16-x^2}+\ln\sin x$，$y=\dfrac{1}{\sqrt{3-x^2}}+\arcsin\left(\dfrac{x}{2}-1\right)$，$y=\ln\left(x+\sqrt{1+x^2}\right)$都是初等函数．

例 3　求函数 $y=\dfrac{1}{\sqrt{3-x^2}}+\arcsin\left(\dfrac{x}{2}-1\right)$ 的定义域．

解：$\begin{cases}3-x^2>0\\ -1\leq\dfrac{x}{2}-1\leq 1\end{cases}\Rightarrow 0\leq x<\sqrt{3}$

【注】

函数由解析式给出时，其定义域是使解析式有意义的自变量的全体．为此求函数的定义域时应遵守以下原则：

（1）在式子中分母不能为零；

（2）在偶次根式内非负；

（3）在对数中真数大于零；

（3）反三角函数 $\arcsin x$，$\arccos x$ 要满足 $|x|\leq 1$；

（5）两函数和（差）的定义域，应是两函数定义域的公共部分；

（6）分段函数的定义域是各段定义域的并集；

（7）求复合函数的定义域时，一般是由外层向里层逐步求．

例 4　已知 $f(\sin x)=\cos 2x$，求 $f(x)$．

解：　因为 $f(\sin x)=\cos 2x=1-2\sin^2 x$，所以 $f(x)=1-2x^2$．

例 5　求证 $f(x)=\ln\left(x+\sqrt{1+x^2}\right)$ 是奇函数．

证明：因为 $f(-x)=\ln\left(-x+\sqrt{1+x^2}\right)=\ln\dfrac{1}{x+\sqrt{1+x^2}}$

$$=-\ln\left(x+\sqrt{1+x^2}\right)=-f(x),$$

所以 $f(x)$ 是奇函数．

例 6　要建一个容积为 $V(\mathrm{m}^3)$ 的无盖长方体水池，设它的底面为正方形，若池底单位面积的造价是四周侧面的 2 倍，水池侧面单位造价为 a(元/m^2)，试将水池造价表示为水池底边长的函数，并确定此函数的定义域．

解：设总造价为 y(元)，水池底边长为 x(米)，则水池侧面高为 $\dfrac{V}{x^2}$(米)，所以 $y=2ax^2+\dfrac{4aV}{x}$，$x>0$．

【注】

运用数学工具解决实际问题时，通常要先找出变量间的函数关系，用数学式表示出来，然后再进行分析和计算．

建立函数模型的具体步骤可为：

（1）分析问题中哪些是变量，哪些是常量，分别用字母表示．

（2）根据所给条件，运用数学、物理、经济及其他知识，确定等量关系．

（3）具体写出解析式 $y=f(x)$ ，并指明其定义域．

三、学法建议

1. 本节的重点是函数、复合函数、初等函数等概念以及定义域的求法．

2. 本节所介绍的内容虽然绝大部分属于基本概念，并且在中学已经学过，但它们是微积分学本身研究问题时的主要依据．因此，学习本节的内容应在原有的基础上进行复习提高．

3. 从实际问题中建立函数模型是解决实际问题关键性的一步，也是比较困难的一步，因为要用到几何学、物理学、经济学等方面的知识与定律．但我们仍要注意这方面的训练，以便逐步培养分析问题和解决问题的能力．

习题 1-1

一、填空题

1. 函数 $y=\sqrt{\dfrac{x-2}{x-4}}$ 的定义域是____.

2. 函数 $y=\dfrac{x}{|x|}$ 的定义域是____，值域是____.

3. 函数 $y=|1-x|$ 可表示为 $y=\begin{cases}1-x, & x\leq 1\\ x-1, & x>1\end{cases}$，其定义域是____，值域是____.

4. $f(x)=\begin{cases}x+1, & x\geq 0\\ x-1, & x<0\end{cases}$，则 $f(0)=$ ____，$f(-1)=$ ____.

5. $y=\sqrt[3]{x+5}$的反函数为____.

6. $y=f(x)$ 与其反函数 $y=f^{-1}(x)$的图形关于____对称.

7. 考虑单调性，函数 $y=x^2$ 当 $x>0$ 时____，$x<0$ 时____，$x\in(-\infty, +\infty)$ 时____.

8. 考虑奇偶性，函数 $f(x)=x\sin x$ 是____函数，因此其图形关于____对称；
函数 $y=x^3+\tan x$ 是____函数，因此其图形关于____对称；
函数 $y=1-\sin x$ 是____函数.

9. 考虑周期性，函数 $y=3\sin(\frac{2}{3}x+1)$ 是____函数，其周期为____；函数 $y=\cot 2x$ 是____函数，其周期为____；函数 $y=\cos^2 x$ 是____函数，其周期为____；函数 $y=x\sin x$ 是____函数.

10. 考虑有界性，$y=\frac{1}{x}$ 在(0，1) 内____界，在(1，2) 内____界；
$f(x)=\frac{x}{x^2+1}$ 在$(-\infty, +\infty)$内____界.

二、计算题

1. 求下列函数的定义域：

(1) $y=\arccos\frac{x+2}{3}$；　　(2) $y=\sqrt{x-\sqrt{x}}$.

2. 设 $f(x-\frac{1}{x})=\frac{x^2}{1+x^4}$，求 $f(x)$.

3. 设 $f(x-2)=x^2-2x+3$，求 $f(x)$.

4. 下列各题中，$f(x)$ 与 $g(x)$是否相同？为什么？

(1) $f(x)=\sqrt{x}\sqrt{x+1}$ 与 $g(x)=\sqrt{x(x+1)}$；

(2) $f(x)=\sqrt{1-\cos^2 x}$ 与 $g(x)=\sin x$；

(3) $f(x)=\ln x^3$ 与 $g(x)=3\ln x$.

5. 设 $f(x)$对一切正实数 x，y，恒有 $f(xy)=f(x)+f(y)$，求 $f(x)+f(\frac{1}{x})$.

6. 下列函数是由哪些基本初等函数复合而成？

(1) $y=\cos 5x$；　　(2) $y=e^{\sin^2 x}$；　　(3) $y=\ln^3\ln x^2$.

三、应用题

1. 某工厂生产某产品，固定成本为 140 元，每增加一吨，成本增加 8 元，且每日最多生产 100 吨，试将每日产品总成本 C 表示为产量 q 的函数 .

2. 某商店销售一种商品，当销售量 x 不超过 30 件时（包括 30 件），单价为 a 元，若超过 30 件时，其超过部分按原价的 90%计算，试给出销售额 y 与销售量 x 之间的关系 .

习题 1-1 答案与提示

一、

1. $(-\infty, 2]\cup(4, +\infty)$.
2. $\{x \mid x\neq 0\}$，$\{1, -1\}$.
3. $(-\infty, +\infty)$，$[0, +\infty)$.
4. 1，-2.
5. $y=x^3-5$.
6. 直线 $y=x$.
7. 单调增加，单调减少，不是单调的 .
8. 偶，y 轴；奇，原点；非奇非偶 .
9. 周期，3π；周期，$\frac{\pi}{2}$；周期，π；非周期 .
10. 无，有；有 .

二、

1. （1）$[-5, 1]$.　　（2）$[1, +\infty)$.

2. $f(x)=\frac{1}{x^2+2}$.

3. $f(x)=x^2+2x+3$.

4. （1）不同，定义域不同；　（2）不同，值域不同；　（3）相同 .

5. 0.

6. （1）$y=\cos 5x$ 由 $y=\cos u$，$u=5x$ 复合而成 .

　（2）$y=e^{\sin^2 x}$ 由 $y=e^u$，$u=v^2$，$v=sin\ x$ 复合而成 .

　（3）$y=\ln^3\ln x^2$ 由 $y=u^3$，$u=\ln v$，$v=\ln w$，$w=x^2$ 复合而成 .

三、

1. $C=140+8q$，$0\leq q\leq 100$.

2. $y=\begin{cases} ax, & 0<x\leq 30 \\ 30a+\dfrac{9}{10}a\ (x-30), & x>30 \end{cases}$.

第二节　函数极限

一、数列极限

1. 数列极限的定义

数列极限的描述性定义

对于数列$\{x_n\}$，若当自然数 n 无限增大时，通项 x_n 无限接近于某个确定的常数A，则称 A 为当 n 趋于无穷时数列$\{x_n\}$的极限，或称数列$\{x_n\}$收敛于 A，记为

$$\lim_{n\to\infty} x_n=A \text{ 或 } x_n\to A\ (n\to\infty).$$

若数列$\{x_n\}$的极限不存在，则称数列$\{x_n\}$发散．

例如　$\lim\limits_{n\to\infty}\dfrac{1}{n}=0$，$\lim\limits_{n\to\infty}\dfrac{n+1}{n}=1$，$\lim\limits_{n\to\infty}(-1)^n$ 不存在，$\lim\limits_{n\to\infty}2^n$ 不存在．

数列极限的精确化定义

$\lim\limits_{n\to\infty}x_n=A\Leftrightarrow\forall\varepsilon>0$，$\exists N$，$n>N$，$|x_n-A|<\varepsilon$

2. 数列极限的性质

利用数列极限的精确化定义，可推出数列极限的如下性质：

性质1（唯一性）　如果数列$\{x_n\}$有极限，那么它的极限唯一．

性质2（有界性）　如果数列$\{x_n\}$收敛，那么数列$\{x_n\}$有界．

性质3（保号性）　如果 $\lim\limits_{n\to\infty}x_n=A$，且 $A>0$，那么存在正整数 N，当 $n>N$ 时，$x_n>0$.

性质 4　如果 $\lim\limits_{n\to\infty}x_n=A$，则 $\{x_n\}$ 的任一子数列也收敛，且极限也是 A.

性质 5　$\lim\limits_{n\to\infty}x_n=A\Leftrightarrow\lim\limits_{k\to\infty}x_{2k}=\lim\limits_{k\to\infty}x_{2k-1}=A$.

性质 6　（无关性）数列 $\{x_n\}$ 的极限与数列 $\{x_n\}$ 的前有限项无关.

3. 极限存在准则 I

定理 1　（单调有界数列极限的存在定理）

单调有界数列必有极限.

定理 2　（重要极限 II 的数列形式）　$\lim\limits_{n\to\infty}(1+\frac{1}{n})^n=\mathrm{e}$.

【注】

可以证明数列 $\left\{(1+\frac{1}{n})^n\right\}$ 单调递增，且 $2\leq(1+\frac{1}{n})^n<3$，由定理 1 可知 $\lim\limits_{n\to\infty}(1+\frac{1}{n})^n$ 存在，且极限值是 2 与 3 之间的一个实数，数学家欧拉（Euler）给这个极限值起名为 e，从而 e 又称为欧拉常数.

定理 3　（抓大头定理）$\lim\limits_{n\to\infty}\dfrac{a_kn^k+a_{k-1}n^{k-1}+\cdots+a_1n+a_0}{b_ln^l+b_{l-1}n^{l-1}+\cdots+b_1n+b_0}=\begin{cases}0 & k<l\\ \infty & k>l.\\ \dfrac{a_k}{b_k} & k=l\end{cases}$

证明：分子和分母同时除以 n^k，讨论 k 与 l 的大小即可.

【注】

（1）$\frac{\infty}{\infty}$、$\infty-\infty$ 和 1^∞ 是不定型（式），这里的 1 是极限为 1 的变量. 今后还要见到其他四类不定型.

（2）不定型的极限要转化为确定型才能求出.

例 1　求下列极限：

（1）$\lim\limits_{n\to\infty}\dfrac{1+2+\cdots+n}{n^2}$；　　（2）$\lim\limits_{n\to\infty}\dfrac{(n+5)^7(2n-1)^5}{(1+n)^{12}}$；

（3）$\lim\limits_{n\to\infty}(\dfrac{n}{n+1})^n$；　　（4）$\lim\limits_{n\to\infty}(\sqrt{n^2+n}-\sqrt{n^2-n})$.

解：

(1) $\lim\limits_{n\to\infty}\frac{1+2+\cdots+n}{n^2}=\lim\limits_{n\to\infty}\frac{\frac{n(n+1)}{2}}{n^2}=\lim\limits_{n\to\infty}\frac{n+1}{2n}=\frac{1}{2}$.

(2) $\lim\limits_{n\to\infty}\frac{(n+5)^7(2n-1)^5}{(1+n)^{12}}=\lim\limits_{n\to\infty}\frac{2^5n^{12}}{n^{12}}=2^5$.

(3) $\lim\limits_{n\to\infty}\left(\frac{n}{n+1}\right)^n=\lim\limits_{n\to\infty}\left[\left(1-\frac{1}{n+1}\right)^{-(n+1)}\right]^{\frac{-n}{n+1}}=e^{-1}$.

或$\lim\limits_{n\to\infty}\left(\frac{n}{n+1}\right)^n=\lim\limits_{n\to\infty}\frac{1}{\left(1+\frac{1}{n}\right)^n}=e^{-1}$.

(4) $\lim\limits_{n\to\infty}(\sqrt{n^2+n}-\sqrt{n^2-n})=\lim\limits_{n\to\infty}\frac{2n}{\sqrt{n^2+n}+\sqrt{n^2-n}}=\lim\limits_{n\to\infty}\frac{2}{\sqrt{1+\frac{1}{n}}+\sqrt{1-\frac{1}{n}}}=1$.

二、函数极限

数列是特殊的函数，数列$\{x_n\}$的通项公式$x_n=f(n)$就是其函数表达式，其定义域为正整数集$\mathbf{Z}^+$，从而数列极限的概念可自然推广为函数极限，只是自变量n的无限变化趋势只有一种就是$n\to+\infty$，而对于一般函数$y=f(x)$，其自变量的x的无限变化趋势可有六种形式：

$$x\to\infty,\ x\to+\infty,\ x\to-\infty,\ x\to x_0,\ x\to x_0^+,\ x\to x_0^-.$$

【注】

$x\to x_0^+$是指x从x_0的右侧趋于x_0，$x\to x_0^-$是指x从x_0的左侧趋于x_0.

1. 函数极限的定义与性质

下面以列表形式给出函数极限的描述性定义

极限定义表

类型	描述性定义	极限记号
$x\to\infty$ 时函数 $f(x)$ 的极限	设函数 $y=f(x)$ 在 $\|x\|>b$(b 为某个正实数）时有定义，如果当自变量 x 的绝对值无限增大时，相应的函数值无限接近于某一个固定的常数 A，则称 A 为 $x\to\infty$（读作“x 趋于无穷”）时函数 $f(x)$ 的极限	$\lim\limits_{n\to\infty}f(x)=A$ 或 $f(x)\to A\ (x\to\infty)$
$x\to+\infty$ 时函数 $f(x)$ 的极限	设函数 $y=f(x)$ 在 $(a,+\infty)$(a 为某个实数）内有定义，如果当自变量 x 无限增大时，相应的函数值 $f(x)$ 无限接近于某一个固定的常数 A，则称 A 为 $x\to+\infty$（读作“x 趋于正无穷”）时函数 $f(x)$ 的极限	$\lim\limits_{n\to\infty}f(x)=A$ 或 $f(x)\to A(x\to+\infty)$
$x\to-\infty$ 时函数 $f(x)$ 的极限	设函数 $y=f(x)$ 在 $(-\infty,a)$(a 为某个实数）内有定义，如果当自变量 $\|x\|$ 无限增大且 $x<0$ 时，相应的函数值 $f(x)$ 无限接近于某一个固定的常数 A，则称 A 为 $x\to-\infty$（读作“x 趋于负无穷”）时函数 $f(x)$ 的极限	$\lim\limits_{n\to\infty}f(x)=A$ 或 $f(x)\to A(x\to-\infty)$
$x\to x_0$ 时函数 $f(x)$ 的极限	设函数 $y=f(x)$ 在点 x_0 的去心邻域 $\overset{0}{U}x(x_0,\delta)$ 内有定义，如果当自变量 x 在 $\overset{0}{U}x(x_0,\delta)$ 内无限接近于 x_0 时，相应的函数值 $f(x)$ 无限接近于某一个固定的常数 A，则称 A 为当 $x\to x_0$（读作“x 趋近于 x_0”)时函数 $f(x)$ 的极限	$\lim\limits_{n\to\infty}=A$ 或 $f(x)\to A(x\to x_0)$
$x\to x_0^-$ 时函数 $f(x)$ 的极限	设函数 $y=f(x)$ 在点 x_0 的左半邻域 $(x_0-\delta,x_0)$ 内有定义，如果当自变量 x 在此半邻域内从 x_0 左侧无限接近于 x_0 时，相应的函数值 $f(x)$ 无限接近于某个固定的常数 A，则称 A 为当 x 趋近于 x_0 时函数 $f(x)$ 的左极限	$\lim\limits_{x\to x_0^-}f(x)=A$ 或 $f(x)\to A(x\to x_0^-)$
$x\to x_0^+$ 时函数 $f(x)$ 的极限	设函数 $y=f(x)$ 的右半邻域 $(x_0,x_0+\delta)$ 内有定义，如果当自变量 x 在此半邻域内从 x_0 右侧无限接近于 x_0 时，相应的函数值 $f(x)$ 无限接近于某个固定的常数 A，则称 A 为当 x 趋近于 x_0 时函数 $f(x)$ 的右极限	$\lim\limits_{x\to x_0^+}f(x)=A$ 或 $f(x)\to A\ (x\to x_0^+)$

函数极限性质

与数列极限类似，函数极限有如下性质：

性质 1（唯一性） 如果 $\lim\limits_{x\to x_0}f(x)$ 存在，那么它的极限唯一．

性质 2（局部有界性）　如果$\lim\limits_{x\to x_0}f(x)=A$，那么$\exists\delta>0$和$M>0$，当$x\in\overset{0}{U}(x_0,\ \delta)$时，$|f(x)|\leq M$.

性质 3（局部保号性）　如果$\lim\limits_{x\to x_0}f(x)=A>0$，那么$\delta>0$，当$x\in\overset{0}{U}(x_0,\ \delta)$时，$f(x)>0$.

【注】上述极限性质对自变量的其他变化过程下的极限同样成立.

性质 4（单侧极限与极限的关系）

（1）$\lim\limits_{x\to\infty}f(x)=A$的充分必要条件是$\lim\limits_{x\to-\infty}f(x)=\lim\limits_{x\to+\infty}f(x)=A$.

（2）$\lim\limits_{x\to x_0}f(x)=A$的充分必要条件是$\lim\limits_{x\to x_0^-}f(x)=\lim\limits_{x\to x_0^+}f(x)=A$.

例 2　求证：极限$\lim\limits_{x\to 0}\dfrac{x}{|x|}$不存在.

证明：因为$\lim\limits_{x\to 0^-}\dfrac{x}{|x|}=\lim\limits_{x\to 0^-}\dfrac{x}{-x}=-1$，$\lim\limits_{x\to 0^+}\dfrac{x}{|x|}=\lim\limits_{x\to 0^+}\dfrac{x}{x}=1$，所以$\lim\limits_{x\to 0}\dfrac{x}{|x|}$不存在.

2. 极限存在准则Ⅱ

定理 4（两边夹准则）

若当$x\in\overset{0}{U}(x_0,\ \delta)$时，有$g(x)\leq f(x)\leq h(x)$，且$\lim\limits_{x\to x_0}g(x)=A$，$\lim\limits_{x\to x_0}h(x)=A$，则$\lim\limits_{x\to x_0}f(x)=A$.

【注】对于其他无限过程，此定理仍成立。

例 3　求极限$\lim\limits_{n\to\infty}\left(\dfrac{1}{\sqrt{1+n^2}}+\dfrac{1}{\sqrt{2+n^2}}+\cdots+\dfrac{1}{\sqrt{n+n^2}}\right)$.

解：因为$\dfrac{n}{\sqrt{n+n^2}}\leq\dfrac{n}{\sqrt{1+n^2}}+\dfrac{1}{\sqrt{2+n^2}}+\cdots+\dfrac{1}{\sqrt{n+n^2}}\leq\dfrac{n}{\sqrt{1+n^2}}$,

且$\lim\limits_{n\to\infty}=\dfrac{n}{\sqrt{1+n^2}}=\lim\limits_{n\to\infty}=\dfrac{n}{\sqrt{n+n^2}}=1$,

所以$\lim\limits_{n\to\infty}=\left(\dfrac{1}{\sqrt{1+n^2}}+\dfrac{1}{\sqrt{2+n^2}}+\cdots+\dfrac{1}{\sqrt{n+n^2}}\right)=1$

3. 两个重要极限

定理 5（重要极限 I） $\lim\limits_{x\to 0}\dfrac{\sin x}{x}=1.$

利用两边夹准则可证明定理 5 成立 .

定理 6（重要极限 II） $\lim\limits_{x\to\infty}\left(1+\dfrac{1}{x}\right)^{x}=\mathrm{e}$ 或 $\lim\limits_{x\to 0}(1+x)^{\frac{1}{x}}=\mathrm{e}$

4. 极限的四则运算法则

设 $\lim\limits_{x\to x_0}f(x)$ 及 $\lim\limits_{x\to x_0}g(x)$ 都存在，则

(1) $\lim\limits_{x\to x_0}[f(x)\pm g(x)]=\lim\limits_{x\to x_0}f(x)\pm\lim\limits_{x\to x_0}g(x)$；

(2) $\lim\limits_{x\to x_0}[f(x)\ g(x)]=\lim\limits_{x\to x_0}f(x)\ \lim\limits_{x\to x_0}g(x)$，

$\lim\limits_{x\to x_0}[Cf(x)]=C\lim\limits_{x\to x_0}f(x)$（$C$ 为任意常数）；

(3) $\lim\limits_{x\to x_0}\dfrac{f(x)}{g(x)}=\dfrac{\lim\limits_{x\to x_0}f(x)}{\lim\limits_{x\to x_0}g(x)}\left(\lim\limits_{x\to x_0}g(x)\neq 0\right)$.

上述极限四则运算法则对自变量的其他变化过程下的极限同样成立 .

例 4 求下列极限：

(1) $\lim\limits_{x\to 0}\dfrac{\tan x}{x}$； (2) $\lim\limits_{x\to 0}\dfrac{\tan 4x}{\sin 3x}$； (3) $\lim\limits_{x\to 0}\dfrac{\arcsin x}{x}$；

(4) $\lim\limits_{x\to\infty}x\sin\dfrac{1}{x}$； (5) $\lim\limits_{x\to 0}\dfrac{1-\cos x}{x^2}$.

解：

(1) $\lim\limits_{x\to 0}\dfrac{\tan x}{x}=\lim\limits_{x\to 0}\dfrac{\sin x}{x}\cdot\dfrac{1}{\cos x}=1.$

(2) $\lim\limits_{x\to 0}\dfrac{\tan 4x}{\sin 3x}=\dfrac{4}{3}\lim\limits_{x\to 0}\dfrac{\dfrac{\tan 4x}{4x}}{\dfrac{\sin 3x}{3x}}=\dfrac{4}{3}.$

(3) $\lim\limits_{x\to 0}\dfrac{arc\ \sin x}{x}=\lim\limits_{t\to 0}\dfrac{t}{\sin t}=1$，这里 $t=\arcsin x$.

(4) $\lim\limits_{x\to\infty}x\sin\dfrac{1}{x}=\lim\limits_{x\to\infty}\dfrac{\sin\dfrac{1}{x}}{\dfrac{1}{x}}=1.$

(5) $\lim\limits_{x\to 0}\dfrac{1-\cos x}{x^2}=\lim\limits_{x\to 0}\dfrac{2\sin^2\dfrac{x}{2}}{x^2}=\dfrac{1}{2}\lim\limits_{x\to 0}\left(\dfrac{\sin\dfrac{x}{2}}{\dfrac{x}{2}}\right)^2=\dfrac{1}{2}.$

例 5. 求下列极限：

(1) $\lim\limits_{x\to 0}(1+2x)^{\frac{3}{x}}$;　　(2) $\lim\limits_{x\to 0}(1-x)^{\frac{2}{x}}$;

(3) $\lim\limits_{x\to\infty}\left(1+\dfrac{2}{x}\right)^{x+5}$;　　(4) $\lim\limits_{x\to\infty}\left(\dfrac{x+1}{x-1}\right)^{x}$.

解：

(1) $\lim\limits_{x\to 0}(1+2x)^{\frac{3}{x}}=\lim\limits_{x\to 0}(1+2x)^{\frac{1}{2x}\cdot 6}=e^6.$

(2) $\lim\limits_{x\to 0}(1-x)^{\frac{2}{x}}=\lim\limits_{x\to 0}(1-x)^{\frac{1}{-x}(-2)}=e^{-2}.$

(3) $\lim\limits_{x\to\infty}\left(1+\dfrac{2}{x}\right)^{x+5}=\lim\limits_{x\to\infty}\left(1+\dfrac{2}{x}\right)^{x}\lim\limits_{x\to\infty}\left(1+\dfrac{2}{x}\right)^{5}=\lim\limits_{x\to\infty}\left(1+\dfrac{2}{x}\right)^{\frac{x}{2}\cdot 2}=e^2.$

(4) $\lim\limits_{x\to\infty}\left(\dfrac{x+1}{x-1}\right)^{x}=\lim\limits_{x\to\infty}\left(\dfrac{1+\dfrac{1}{x}}{1-\dfrac{1}{x}}\right)^{x}=\dfrac{\lim\limits_{x\to\infty}\left(1+\dfrac{1}{x}\right)^{x}}{\lim\limits_{x\to\infty}\left(1-\dfrac{1}{x}\right)^{x}}=\dfrac{e}{e^{-1}}=e^2.$

5. 无穷小量与无穷大量

无穷小量

在自变量的某个无限变化过程中，以零为极限的变量称为该极限过程中的无穷小量，简称无穷小．例如，如果 $\lim\limits_{x\to x_0}f(x)=0$，则称当 $x\to x_0$ 时，$f(x)$ 是无穷小量．

【注】

一般说来，无穷小表达的是变量的变化状态，而不是变量的大小．一个非零常量无论多么小，都不能是无穷小量，数零是唯一可作为无穷小的常数．常用 α，β，γ 等表示无穷小量．

无穷大量

在自变量的某个无限变化过程中，绝对值可以无限增大的变量称为这个变化过程中的无穷大量，简称无穷大．

应该注意的是：无穷大量是极限不存在的一种情形，借用极限的记号 $\lim\limits_{x\to x_0}f(x)=\infty$，表示“当 $x\to x_0$ 时，$f(x)$ 是无穷大量”．

无穷小量与无穷大量的关系

在自变量的某个无限变化过程中，无穷大量的倒数是无穷小量，非零无穷小量的倒数是无穷大量．

无穷小量的运算

（1）有限个无穷小量的代数和是无穷小量；

（2）有限个或无限个无穷小量的乘积是无穷小量；

（3）无穷小量与有界变量的乘积是无穷小量；

（4）常数与无穷小量的乘积是无穷小量；

（5）$\dfrac{0}{0}$，$0\cdot\infty$ 是不定型（式）．

例 6 求下列函数的极限：

（1）$\lim\limits_{x\to 1}\dfrac{x^2+1}{x-1}$；　　（2）$\lim\limits_{x\to+\infty}\dfrac{x\sin x}{\sqrt{1+x^3}}$.

解：（1）因为 $\lim\limits_{x\to 1}(x-1)=0$，而 $\lim\limits_{x\to 1}(x^2+1)\neq 0$，求该式的极限需用无穷小与无穷大关系定理解决．因为 $\lim\limits_{x\to 1}\dfrac{x-1}{x^2+1}=0$，所以当 $x\to 1$ 时，$\dfrac{x-1}{x^2+1}$ 是无穷小量，因而它的倒数是无穷大量，即 $\lim\limits_{x\to 1}\dfrac{x^2+1}{x-1}=\infty$．

（2）不能直接运用极限运算法则，因为当 $x\to+\infty$ 时分子的极限不存在，但

$\sin x$ 是有界函数，即 $|\sin x|\leq 1$ 而 $\lim\limits_{x\to+\infty}\dfrac{x}{\sqrt{1+x^3}}=\lim\limits_{x\to+\infty}\dfrac{\frac{1}{\sqrt{x}}}{\sqrt{\frac{1}{x^3}+1}}=0$，因此当 $x\to+\infty$ 时，$\dfrac{x}{\sqrt{1+x^3}}$ 为无穷小量．根据有界函数与无穷小乘积仍为无穷小定理，即得

$$\lim_{x\to+\infty}\frac{x\sin x}{\sqrt{1+x^3}}=0.$$

【注】利用无穷小与无穷大的关系，可求一类函数的极限（分母极限为零，而分子极限存在的函数极限）；利用有界函数与无穷小的乘积仍为无穷小定理可得一类函数的极限（有界量与无穷小之积的函数极限）．

无穷小量的比较

下表给出了两个无穷小量之间的比较定义．

无穷小量的比较表

设在自变量 $x\to x_0$ 的变化过程中，$\alpha(x)$ 与 $\beta(x)$ 均是无穷小量		
无穷小的比较	定义	记号
$\beta(x)$ 是比 $\alpha(x)$ 高阶的无穷小	$\lim\limits_{x\to x_0}\dfrac{\beta(x)}{\alpha(x)}=0$	$\beta(x)=o(\alpha)(x\to x_0)$
$\alpha(x)$ 与 $\beta(x)$ 是同阶的无穷小．	$\lim\limits_{x\to x_0}\dfrac{\beta(x)}{\alpha(x)}=C$ C 为不等于零的常数	
$\alpha(x)$ 与 $\beta(x)$ 是等阶无穷小．	$\lim\limits_{x\to x_0}\dfrac{\beta(x)}{\alpha(x)}=1$	$\alpha(x)\sim\beta(x)(x\to x_0)$

极限与无穷小量的关系定理

$\lim\limits_{x\to x_0}f(x)=A$ 的充分必要条件是 $f(x)=A+\alpha(x)$，其中 $\alpha(x)$ 是当 $x\to x_0$ 时的无穷小量．

无穷小的替换定理

设当 $x\to x_0$ 时，$\alpha_1(x)\sim\alpha_2(x)$，$\beta_1(x)\sim\beta_2(x)$，$\lim\limits_{x\to x_0}\dfrac{\beta_2(x)}{\alpha_2(x)}$ 存在，则 $\lim\limits_{x\to x_0}\dfrac{\beta_1(x)}{\alpha_1(x)}=\lim\limits_{x\to x_0}\dfrac{\beta_2(x)}{\alpha_2(x)}$.

常用等价无穷小

$x\to 0$ 时，$\sin x\sim x$；$\tan x\sim x$；$\arcsin x\sim x$；$\arctan x\sim x$；$e^x-1\sim x$（$a^x-1\sim x\ln a$）；$\ln(1+x)\sim x$；$1-\cos x\sim\frac{1}{2}x^2$；$(1+x)^\lambda-1\sim\lambda x$.

6. 极限的各类求法

求极限的步骤：

（1）定型：（$\frac{0}{0}$，$\frac{\infty}{\infty}$；$0\cdot\infty$，$\infty-\infty$；1^∞，0^0，∞^0），

（2）把 $0\cdot\infty$，$\infty-\infty$ 不定型转化为$\frac{0}{0}$或$\frac{\infty}{\infty}$不定型，

（3）对$\frac{0}{0}$型，常采用的方法有：

①等价无穷小代换法．②因式分解法．③有理化因式法．④换元法．

（4）对$\frac{\infty}{\infty}$型，常采用的方法有：

①抓大头法 $\lim\limits_{x\to\infty}\frac{a_nx^n+a_{n-1}x^{n-1}+\cdots+a_1x+a_0}{b_mx^m+b_{m-1}x^{m-1}+\cdots+b_1x+b_0}=\begin{cases}0 & m>n\\ \infty & m<n\\ \frac{a_n}{b_n} & m=n\end{cases}$ ②变形法．

（5）其他方法：

①左右极限法；②重要极限Ⅱ；③无穷小量乘有界变量仍为无穷小量；④两边夹定理；⑤单调有界数列必有极限．

例 7　求下列函数的极限：

（1）$\lim\limits_{x\to 2}\frac{|x-2|}{x^2-4}$；

（2）$f(x)=\begin{cases}x\sin\frac{1}{x}+a & x<0\\ 1+x^2 & x>0\end{cases}$ 当 a 为何值时，$f(x)$在 $x=0$ 的极限存在．

解：

（1）$\lim\limits_{x\to2^-}\frac{|x-2|}{x^2-4}=\lim\limits_{x\to2^-}\frac{2-x}{(x-2)(x+2)}=-\frac{1}{4}$，

$\lim\limits_{x\to2^+}\frac{|x-2|}{x^2-4}=\lim\limits_{x\to2^+}\frac{x-2}{(x-2)(x+2)}=\frac{1}{4}$，

因为左极限不等于右极限，所以极限不存在．

（2）由于函数在分段点 $x=0$ 处，两边的表达式不同，因此一般要考虑在分段点 $x=0$ 处的左极限与右极限．于是，有

$\lim\limits_{x\to0^-}f(x)=\lim\limits_{x\to0^-}(x\sin\frac{1}{x}+a)=\lim\limits_{x\to0^-}(x\sin\frac{1}{x})+\lim\limits_{x\to0^-}a=a$，

$\lim\limits_{x\to0^+}f(x)=\lim\limits_{x\to0^+}(1+x^2)=1$，

为使 $\lim\limits_{x\to0}f(x)$ 存在，必须有 $\lim\limits_{x\to0^+}f(x)=\lim\limits_{x\to0^-}f(x)$，

因此，当 $a=1$ 时，$\lim\limits_{x\to0}f(x)$ 存在且 $\lim\limits_{x\to0}f(x)=1$.

【注】

对于求含有绝对值的函数及分段函数分界点处的极限，要用左右极限来求，只有左右极限存在且相等时极限才存在，否则，极限不存在．

例 8　求下列函数的极限：

（1）$\lim\limits_{x\to1}\frac{2x^2-3}{x+1}$；　（2）$\lim\limits_{x\to3}\frac{x^2-9}{x^2-5x+6}$；　（3）$\lim\limits_{x\to0}\frac{x^2}{1-\sqrt{1+x^2}}$；

（4）$\lim\limits_{x\to1}(\frac{2}{1-x^2}-\frac{1}{1-x})$；　（5）$\lim\limits_{x\to\infty}\frac{\sqrt{5x}-1}{\sqrt{x+2}}$.

解：

（1）$\lim\limits_{x\to1}\frac{2x^2-3}{x+1}=\frac{\lim\limits_{x\to1}(2x^2-3)}{\lim\limits_{x\to1}(x+1)}=-\frac{1}{2}$.

（2）当 $x\to3$ 时，分子、分母极限均为零，呈现 $\frac{0}{0}$ 型，不能直接用商的极限法则，可先分解因式，约去使分子分母为零的公因子，再用商的运算法则．

$\lim\limits_{x\to3}\frac{x^2-9}{x^2-5x+6}=\lim\limits_{x\to3}\frac{(x-3)(x+3)}{(x-3)(x-2)}=\lim\limits_{x\to3}\frac{x+3}{x-2}=6$.（因式分解法）

(3) $\lim\limits_{x\to 0}\dfrac{x^2}{1-\sqrt{1+x^2}}=\lim\limits_{x\to 0}\dfrac{x^2(1+\sqrt{1+x^2})}{-x^2}=-\lim\limits_{x\to 0}(1+\sqrt{1+x^2})=-2$(有理化因式法)

(4) 当 $x\to 1$ 时，$\dfrac{2}{1-x^2}$，$\dfrac{1}{1-x}$ 的极限均不存在，式 $\dfrac{2}{1-x^2}-\dfrac{1}{1-x}$ 呈现 $\infty-\infty$ 型，不能直接用“差的极限等于极限的差”的运算法则，可先进行通分化简，再用商的运算法则．即

$$\lim_{x\to 1}\left(\frac{2}{1-x^2}-\frac{1}{1-x}\right)=\lim_{x\to 1}\frac{2-(1+x)}{1-x^2}=\lim_{x\to 1}\frac{(1-x)}{(1-x)(1+x)}=\lim_{x\to 1}\frac{1}{1+x}=\frac{1}{2}.$$

(5) 当 $x\to+\infty$ 时，分子分母均无极限，呈现 $\dfrac{\infty}{\infty}$ 形式．需分子分母同时除以 $\sqrt{x}$，将无穷大的 $\sqrt{x}$ 约去，再用法则求．

$$\lim_{x\to+\infty}\frac{\sqrt{5x}-1}{\sqrt{x+2}}=\lim_{x\to+\infty}\frac{\sqrt{5}-\dfrac{1}{\sqrt{x}}}{\sqrt{1+\dfrac{2}{x}}}=\sqrt{5}.\ \left(\frac{\infty}{\infty}\text{变形法}\right),$$

或 $\lim\limits_{x\to+\infty}\dfrac{\sqrt{5x}-1}{\sqrt{x+2}}=\lim\limits_{x\to+\infty}\dfrac{\sqrt{5x}}{\sqrt{x}}=\sqrt{5}$.（抓大头法）.

【注】

(1) 应用极限运算法则求极限时，必须注意每项极限都存在（对于除法，分母极限不为零）才能适用．

(2) 求函数极限时，经常出现 $\dfrac{0}{0}$，$\dfrac{\infty}{\infty}$，$\infty-\infty$ 等情况，都不能直接运用极限运算法则，必须对原式进行恒等变换、化简，然后再求极限．常使用的有以下几种方法：

①对于 $\infty-\infty$ 型，往往需要先通分，化简，再求极限．

②对于无理分式，分子、分母有理化，消去公因式，再求极限．

③对分子、分母是多项式形式，常对分子、分母进行因式分解，再求极限．

④对于当 $x\to\infty$ 时的 $\dfrac{\infty}{\infty}$ 型，可将分子分母同时除以分子与分母的 x 的最高次幂，然后再求极限；或直接使用抓大头法则．

例 9　求下列函数的极限：

(1) $\lim\limits_{x\to 0}\dfrac{\cos x-\cos 3x}{x^2}$;　　　(2) $\lim\limits_{x\to\infty}(1-\dfrac{1}{x^2})^x$.

解：

(1) 分子先用和差化积公式变形，然后再用重要极限公式求极限

$$\lim_{x\to 0}\frac{\cos x-\cos 3x}{x^2}=\lim_{x\to 0}\frac{2\sin x\ \sin 2x}{x^2}=\lim_{x\to 0}\frac{\sin x}{x}\cdot\lim_{x\to\infty}(4\cdot\frac{\sin 2x}{2x})=1\times 4=4.$$

(2) $\lim\limits_{x\to\infty}(1-\dfrac{1}{x^2})^x=\lim\limits_{x\to\infty}(1-\dfrac{1}{x})^x(1+\dfrac{1}{x})^x=\lim\limits_{x\to\infty}(1-\dfrac{1}{x})^x\lim\limits_{x\to\infty}(1+\dfrac{1}{x})^x=e^{-1}e=1.$

或 $\lim\limits_{x\to\infty}(1-\dfrac{1}{x^2})^x=\lim\limits_{x\to\infty}[(1-\dfrac{1}{x^2})^{(-x^2)}]^{(-\frac{1}{x})}=e^0=1.$

【注】

(1) 利用 $\lim\limits_{x\to 0}\dfrac{\sin x}{x}=1$ 求极限时，函数的特点是$\dfrac{0}{0}$型，

满足 $\lim\limits_{u(x)\to 0}\dfrac{\sin u(x)}{u(x)}$的形式 .

(2) 利用 $\lim\limits_{x\to\infty}(1+\dfrac{1}{x})^x=e$ 求极限时，函数的特点是 1^∞ 型，满足

$\lim\limits_{\alpha(x)\to 0}[1+\alpha(x)]^{\frac{1}{\alpha(x)}}$的形式 .

(3) 用两个重要极限公式求极限时，往往用三角公式或代数公式进行恒等变形或做变量代换，使之成为重要极限的标准形式 .

例 10　求下列函数的极限：

(1) $\lim\limits_{x\to 0}\dfrac{(e^{x^2}-1)(\sqrt{1+x^2}-1)}{\ln(1+x^4)}$;　　　(2) $\lim\limits_{x\to 0}\dfrac{\tan x-\sin x}{x^3}$.

解：

(1) $\lim\limits_{x\to 0}\dfrac{(e^{x^2}-1)(\sqrt{1+x^2}-1)}{\ln(1+x^4)}=\lim\limits_{x\to 0}\dfrac{\frac{1}{2}x^2\cdot x^2}{x^4}=\dfrac{1}{2}.$

(2) $\lim\limits_{x\to 0}\dfrac{\tan x-\sin x}{\sin^3 x}=\lim\limits_{x\to 0}\dfrac{\tan x(1-\cos x)}{x^3}=\lim\limits_{x\to 0}\dfrac{x\cdot\frac{1}{2}x^2}{x^3}=\dfrac{1}{2}.$

【注】利用等价无穷小可代换整个分子或分母，也可代换分子或分母中的因式，但分子或分母为和差形式时，一般不能代换其中一项，否则会出错．

如上题 $\lim\limits_{x\to0}\dfrac{\tan x-\sin x}{\sin^3 x}=\lim\limits_{x\to0}\dfrac{x-x}{x^3}=0$，即得一错误结果．

三、学法建议

1. 本节的重点是极限的求法，求极限的方法灵活多样．要掌握这部分知识，建议读者自己去总结经验体会，多做练习．

2. 本章概念较多，且互相联系，例如：收敛，有界，单调有界；发散，无界，无穷大；有极限，无穷小等．只有明确它们之间的联系，才能对它们有深刻的理解，因此读者要注意弄清它们之间的实质关系．

习题 1-2

一、填空题

1. 设 $x_n=\begin{cases}(-1)^n, & n>100\\ n, & n\le100\end{cases}$，$y_n=\begin{cases}(-1)^{n+1}, & n>200\\ 2^n, & n\le200\end{cases}$，则 $\lim\limits_{n\to\infty}x_ny_n=$____．

2. $\lim\limits_{n\to+\infty}\dfrac{3n^4+5n-1}{5n^4+n^3+2n}=$____．

3. 设 $f(x)=\begin{cases}1, & x\le0\\ b, & x>0,\end{cases}$ 则 $\lim\limits_{x\to0^+}f(x)=$____，$\lim\limits_{x\to0^-}f(x)=$____．

当 $b=$____时，$\lim\limits_{x\to0}f(x)=1$.

4. $\lim\limits_{n\to+\infty}\dfrac{\sin x}{\sqrt{x}}=$____．

5. 已知 $\lim\limits_{n\to\infty}\dfrac{an^2+bn+5}{3n-2}=2$，则 $a=$____，$b=$____．

6. $\lim\limits_{x\to\infty}\dfrac{(2x-1)^{15}(3x+1)^{25}}{(3x-1)^{40}}=$____．

7. 设$f(x)=\begin{cases}x^2+2x-3, & x\leq 1\\ x, & 1<x<2\\ 2x-2, & x\geq 2,\end{cases}$，则 $\lim\limits_{x\to 0}f(x)=$____，$\lim\limits_{x\to 1}f(x)=$____，$\lim\limits_{x\to 2}f(x)=$____，$\lim\limits_{x\to 4}f(x)=$____.

8. 若 $\lim\limits_{x\to\infty}\dfrac{x^{2003}}{x^{\alpha}-(x-1)^{\alpha}}=\beta\neq 0$，则 $\alpha=$____，$\beta=$____.

9. $\lim\limits_{x\to\infty}x\sin\dfrac{1}{x}=$____.

10. $\lim(1-\dfrac{2}{x})^{3x}=$____.

11. $x\to 0$ 时，$1-\cos x$ 与 $\tan x$ 相比是____无穷小.

二、求下列极限：

1. $\lim\limits_{h\to 0}\dfrac{(x+h)^3-x^3}{h}$；

2. $\lim\limits_{x\to\infty}(\dfrac{x^3}{2x^2-1}-\dfrac{x^2}{2x+1})$；

3. $\lim\limits_{n\to\infty}(\dfrac{1+2+\cdots+n}{n+2}-\dfrac{n}{2})$；

4. $\lim\limits_{x\to+\infty}\dfrac{a^x}{a^x+1}\ (a>0)$；

5. $\lim\limits_{x\to-\infty}\dfrac{x-\cos x}{x}$；

6. $\lim\limits_{x\to 0}\dfrac{\tan 5x\sin 2x}{x^2}$；

7. $\lim\limits_{x\to 0}(1+3\tan x)^{\cot x}$；

8. $\lim\limits_{x\to\infty}(1+\dfrac{2}{x})^{x+3}$；

9. $\lim\limits_{x\to\infty}(\dfrac{x^2-1}{x^2+1})^{x^2+1}$；

10. $\lim\limits_{x\to 0}\dfrac{2x-\sin x}{x+\tan x}$；

11. $\lim\limits_{x\to 0}\dfrac{1-\cos\arctan x^2}{\sin^2 x\tan 2x}$；

12. $\lim\limits_{x\to 0}\dfrac{\sin x-\tan x}{x\tan^2 x}$；

13. $\lim\limits_{x\to 0}\dfrac{\sqrt{1+2x^2}-1}{\arcsin\dfrac{x}{2}\arctan\dfrac{x}{3}}$；

14. $\lim\limits_{x\to-8}\dfrac{\sqrt{1-x}-3}{2+\sqrt[3]{x}}$；

15. $\lim\limits_{x\to+\infty}(\sqrt{x^2+x+1}-\sqrt{x^2-x+1})$.

习题 1-2 答案与提示

一、

1. -1.　2. $\frac{3}{5}$.　3. 1，1.　4. 0.　5. 0，6.　6. $(\frac{2}{3})^{15}$.

7. -3，不存在，2，6.　8. 2004，$\frac{1}{2004}$.　9. 1.　10. e^{-6}.　11. 高阶 .

二、

1. $3x^2$.　2. $\frac{1}{4}$.　3. $-\frac{1}{2}$.　4. $\begin{cases} 0, & 0<a<1 \\ \frac{1}{2}, & a=1 \\ 1 & a>1 \end{cases}$.　5. 1.

6. 10.　7. e^3.　8. e^2.　9. e^{-2}.　10. $\frac{1}{2}$.

11. 0.　12. $-\frac{1}{2}$.　13. 6.　14. -2.　15. 1.

第三节　函数的连续性

一、函数连续的有关概念

1. 函数在一点连续的概念

定义 1　设函数 $f(x)$ 在点 x_0 的某个邻域内有定义，若 $\lim\limits_{x \to x_0} f(x) = f(x_0)$，则称函数 $f(x)$ 在点 x_0 处连续，也称 x_0 是 $f(x)$ 的一个连续点；若 $\lim\limits_{x \to x_0^-} f(x) = f(x_0)$，则称函数 $f(x)$ 在点 x_0 处左连续；若 $\lim\limits_{x \to x_0^+} f(x) = f(x_0)$，则称函数 $f(x)$ 在点 x_0 处右连续 .

2. 函数在一点连续的充分必要条件

（1）函数$f(x)$在点x_0处连续的充分必要条件是$f(x)$在点x_0处既左连续又右连续.

（2）设函数$f(x)$在点x_0的某个邻域内有定义，自变量在x_0处的改变量为Δx，相应的函数改变量$\Delta y=f(x_0+\Delta x)-f(x_0)$，则函数$f(x)$在点$x_0$处连续$\Leftrightarrow \lim\limits_{\Delta x\to 0}\Delta y=0$

【注】

（1）由定义可知，函数$f(x)$在点x_0处连续，必须同时满足以下三个条件：

① 函数$f(x)$在点x_0的某邻域内有定义；

② $\lim\limits_{x\to x_0}f(x)$存在；

③ 这个极限等于函数值$f(x)$.

（2）若函数$f(x)$在点x_0处连续，则$\lim\limits_{x\to x_0}f(x)=f(\lim\limits_{x\to x_0}x)$. 即极限符号与连续函数符号可交换顺序.

例 1 求极限$\lim\limits_{x\to 0}\dfrac{\log_a(1+x)}{x}$.

解： $\lim\limits_{x\to 0}\dfrac{\log_a(1+x)}{x}=\lim\limits_{x\to 0}\log_a(1+x)^{\frac{1}{x}}=\log_a\lim\limits_{x\to 0}(1+x)^{\frac{1}{x}}=\log_a e=\dfrac{1}{\ln a}$.

特别地，$\lim\limits_{x\to 0}\dfrac{\ln(1+x)}{x}=1$，从而$x\to 0$时，$\ln(1+x)\sim x$.

例 2 讨论函数

$$f(x)=\begin{cases} x & x\leq 0 \\ x\sin\dfrac{1}{x} & x>0 \end{cases},$$ 在点$x=0$处的连续性.

解： 由于函数在分段点$x=0$处两边的表达式不同，因此，一般要考虑在分段点$x=0$处的左极限与右极限.

因而有$\lim\limits_{x\to 0^-}f(x)=\lim\limits_{x\to 0^-}x=0$，$\lim\limits_{x\to 0^+}f(x)=\lim\limits_{x\to 0^+}x\sin\dfrac{1}{x}=0$，

而$f(0)=0$，即$\lim\limits_{x\to 0^-}f(x)=\lim\limits_{x\to 0^+}f(x)=f(0)=0$，

由函数在一点连续的充要条件知 $f(x)$ 在 $x=0$ 处连续 .

3. 函数连续的性质

性质 1 设函数 $f(x)$，$g(x)$ 在点 x_0 处连续，则函数 $f(x)\pm g(x)$、$f(x)g(x)$ 和 $\dfrac{f(x)}{g(x)}(g(x)\neq 0)$ 在点 x_0 处也连续 .

性质 2 设函数 $u=g(x)$ 在点 x_0 处连续，$u_0=g(x_0)$，函数 $y=f(u)$ 在点 u_0 处连续，则复合函数 $y=f[g(x)]$ 在点 x_0 处连续 .

性质 3 基本初等函数在有定义的点都是连续的 .

性质 4 **（初等函数的连续性）** 初等函数在有定义的点都是连续的 .

4. 函数在区间上连续的概念

定义 2 若函数 $f(x)$ 在区间 (a, b) 上每一点处都连续，则称函数 $f(x)$ 在区间 (a, b) 上连续，也称 (a, b) 是函数 $f(x)$ 的连续区间 .

定义 3 如果函数 $f(x)$ 在区间 (a, b) 上连续，且在 $x=a$ 处右连续，在 $x=b$ 处左连续，则称函数 $f(x)$ 在闭区间 $[a, b]$ 上连续 .

二、函数的间断点

定义 4 若函数 $f(x)$ 在点 x_0 处不连续，则称点 x_0 为函数 $f(x)$ 的间断点 .

1. 产生间断点的原因有

(1) 无定义；(2) 无极限；(3) 极限值不等于函数值 .

2. 间断点的分类

设 x_0 为 $f(x)$ 的一个间断点，如果当 $x\to x_0$ 时，$f(x)$ 的左极限、右极限都存在，则称 x_0 为 $f(x)$ 的第一类间断点；否则，称 x_0 为 $f(x)$ 的第二类间断点 .

对于第一类间断点有以下两种情形：

(1) 当 $\lim\limits_{x\to x_0^-} f(x)$ 与 $\lim\limits_{x\to x_0^+} f(x)$ 都存在，但不相等时，称 x_0 为 $f(x)$ 的跳跃间

断点；

（2）当 $\lim\limits_{x\to x_0} f(x)$ 存在，但极限不等于 $f(x_0)$ 时，称 x_0 为 $f(x)$ 的可去间断点．对可去间断点可重新定义或补充定义函数值等于极限值使函数在此点连续．

例 3　判定下列函数间断点的类型，若是可去间断点，则补充定义使其连续．

（1）$f(x)=\dfrac{x^2+2x-3}{x^2-1}$；　（2）$f(x)=\begin{cases} x-1 & x<0 \\ 0 & x=0 \\ x+1 & x>0 \end{cases}$；　（3）$f(x)=\sin\dfrac{1}{x}$.

解：

（1）因为 $x=\pm1$，函数 $f(x)$ 无定义，所以 $x=\pm1$ 为间断点，

又 $\lim\limits_{x\to1} f(x)=\lim\limits_{x\to1}\dfrac{x+3}{x+1}=2$，所以 $x=1$ 为可去间断点，补充定义 $f(1)=2$，则 $f(x)$ 在 $x=1$ 处连续．

由 $\lim\limits_{x\to-1} f(x)=\lim\limits_{x\to-1}\dfrac{x^2+2x-3}{x^2-1}=\infty$，知 $x=-1$ 为第二类间断点（也称为无穷间断点）．

（2）由初等函数的连续性知 $x\neq0$ 时，$f(x)$ 是连续的，下面讨论 $x=0$ 时的连续性：

因为 $\lim\limits_{x\to0^-} f(x)=\lim\limits_{x\to0^-}(x-1)=-1$，$\lim\limits_{x\to0^+} f(x)=\lim\limits_{x\to0^+}(x+1)=1$，

所以 $\lim\limits_{x\to0} f(x)$ 不存在，$x=0$ 是函数 $f(x)$ 的跳跃间断点．

（3）因为 $x=0$ 时，函数 $f(x)$ 无定义，所以 $x=0$ 为间断点．

又 $\lim\limits_{x\to0} f(x)=\lim\limits_{x\to0}\sin\dfrac{1}{x}$ 不存在，所以 $x=0$ 是第二类间断点（也称为振荡间断点）．

三、闭区间上连续函数的性质

1. 有界性定理　闭区间上连续函数一定有界．

2. 最值存在定理　闭区间上连续函数一定能取得最大值和最小值．

3. 零点存在定理　设 $f(x)$ 为闭区间 $[a, b]$ 上的连续函数，且 $f(a)$ 与 $f(b)$ 异

号，则至少存在一点 $\zeta\in(a,\ b)$，使得 $f(\zeta)=0$.

【注】

(1) 若 $f(x_0)=0$，则称 x_0 是函数 $f(x)$ 的一个零点 .

(2) x_0 是函数 $f(x)$ 的零点 $\Leftrightarrow$ x_0 是方程 $f(x)=0$ 的根。

4. 介值定理 设 $f(x)$ 是闭区间 $[a,\ b]$ 上连续函数，M，m 是 $f(x)$ 在 $[a,\ b]$ 上的最大值和最小值，$m\leq\eta\leq M$，则至少存在一点 $\zeta\in[a,\ b]$，使得 $f(\zeta)=\eta$.

例 4 求证方程 $x^5+2x-5=0$ 在区间 $(1,\ 2)$ 内至少有一个实根 .

证明： 令 $f(x)=x^5+2x-5$，则 $f(x)$ 在 $[1,\ 2]$ 内连续，又

$$f(1)=-2<0,\ f(2)=31>0,$$

由零点存在定理，至少 $\exists\zeta\in(1,\ 2)$，使 $f(\zeta)=0$.

四、学法建议

1. 要深刻理解在一点的连续概念，即极限值等于函数值才连续 . 千万不要求到极限存在就下连续的结论，特别注意判断分段函数在分段点的连续性 .

2. 会利用连续函数求极限，会应用初等函数的连续性和零点存在定理解决相应问题 .

习题 1–3

一、填空题

1. 已知 $f(x)=\begin{cases} a+x^2, & x\leq 0 \\ \dfrac{1-\cos x}{x^2}, & x>0 \end{cases}$ 在 $x=0$ 处连续，则 $a=$____.

2. 设 $f(x)=\begin{cases} 2x, & x<0 \\ a, & x\geq 0 \end{cases}$，$g(x)=\begin{cases} 1, & x<0 \\ x+3, & x\geq 0 \end{cases}$，且 $f(x)+g(x)$ 在 $(-\infty,\ +\infty)$ 连续，则 $a=$____.

3. 函数 $f(x)=\dfrac{x^2-1}{x+1}$ 在____处间断，为第____类间断点，且为____间断点，若令____，则 $f(x)$ 在其定义域内连续 .

4. 函数 $f(x)=\begin{cases} x^2+1, & x>0 \\ x-1, & x\leq 0 \end{cases}$ 在____处间断，为第____类间断点，且为____间断点 .

5. 函数 $f(x)=\dfrac{1}{(x+1)(x^2+2)}$，在____处间断，为第____类间断点，且为____间断点 .

二、计算题

1. 设 $f(x)=\begin{cases} 3x+a, & x\leq 0 \\ x^2+1, & 0<x<1 \\ \dfrac{b}{x}, & x\geq 1 \end{cases}$，在（$-\infty$，$+\infty$）连续，求 a，b 的值 .

2. 设 $f(x)=\begin{cases} \dfrac{\sin 3x}{x}, & x<0 \\ (x+k)^2, & x\geq 0 \end{cases}$，$k$ 为何值时，函数 $f(x)$ 在 $x=0$ 处连续 .

3. 下列函数在指定点处间断，判断其类型，若为可去间断点，补充或改变其定义使函数连续：

（1）$y=x\cos^2\dfrac{1}{x}$，$x=0$；　　（2）$y=\begin{cases} x, & x\leq 0 \\ \dfrac{1}{x}, & x>0 \end{cases}$，　$x=0$.

4. 讨论函数 $f(x)=\lim\limits_{n\to\infty}\dfrac{x^{n+2}-x^{-n}}{x^n+x^{-n}}$ 的连续性 .

5. 已知 $\lim\limits_{x\to 0}\dfrac{x}{f(3x)}=2$，求 $\lim\limits_{x\to 0}\dfrac{f(2x)}{x}$.

三、证明题

证明方程 $x^6-2x^5+5x^3+1=0$ 至少有一个实根 .

习题 1–3 答案与提示

一、　1. $a=\dfrac{1}{2}$　　2. $a=-2$　　3. $x=-1$，一，可去，$f(-1)=-2$.

4. $x=0$，一，跳跃． 5. $x=-1$，二，无穷．

二、 1. $a=1$，$b=2$ 2. $k=\pm\sqrt{3}$

3. （1）$x=0$ 为可去间断点，补充定义 $y(0)=0$ 可使函数在 $x=0$ 处连续．

（2）$x=0$ 为第二类间断点并且为无穷间断点．

4. $f(x)=\begin{cases}-1 & 0<|x|<1 \\ 0 & |x|=1 \\ x^2 & |x|>1\end{cases}$ 在 $x=-1$，$x=0$，$x=1$ 处间断．

5. $\dfrac{1}{3}$

三、证明： 令 $f(x)=x^6-2x^5+5x^3+1$，则 $f(x)$ 在 $[-1, 0]$ 内连续，且 $f(-1)=-1<0, f(0)=1>0$. 由零点存在定理，$\exists\zeta\in(-1, 0)$，使 $f(\zeta)=0$

总复习题一

一、单项选择

1. 设函数 $f(x)$ 的定义域为 $[0, 3]$，则函数 $f(2x+1)$ 的定义域为（ ）．

A $[0, 5]$ B $[1, 11]$ C $[-\dfrac{1}{2}, 1]$ D $[0, 11]$

2. 设函数 $f(x)=\dfrac{x}{x+1}$，则当 $x\neq-1$ 且 $x\neq-\dfrac{1}{2}$ 时，$f(f(x))=$（ ）．

A $\dfrac{x}{x+1}$ B $\dfrac{1}{x+1}$ C $\dfrac{x}{2x+1}$ D $\dfrac{2x+1}{x}$

3. 函数 $f(x)=(1+x^2)\sin x$ 的图形关于（ ）对称．

A y 轴 B x 轴 C 直线 $y=x$ D 原点

4. $\lim\limits_{n\to\infty}\dfrac{\sqrt{n^3+3}+\sqrt[3]{n+1}}{\sqrt{n^4-1}+\sqrt{n^2+2}}=$（ ）．

A ∞ B -1 C 1 D 0

5. 当 $x\to 0$ 时，下列函数中与 x 相比是高阶无穷小的是（　）.

A　x^3+x　　B　x^2-x　　C　$3x^2+2x$　　D　$\sin^2 x$

6. 当 $x\to 0$ 时，与 x^2+4x^4 是等价无穷小的是（　）.

A　$\tan^2 x$　　B　x^2+x　　C　$\ln(1+x)$　　D　$\arcsin x$

7. 设函数 $f(x)=\begin{cases}\dfrac{\ln(1+x)}{x} & x\neq 0\\ k & x=0\end{cases}$ 连续，则 $k=$(　).

A　0　　B　e　　C　-1　　D　1

8. 函数 $f(x)=\dfrac{x-4}{x^2-3x-4}$ 的间断点个数为（　）.

A　0　　B　2　　C　3　　D　1

二、填空题

1. 函数 $f(x)=4+3\sin x$ 的值域是____.

2. $f(x)=\dfrac{x-1}{x+1}$ 的反函数是____.

3. $\lim\limits_{n\to\infty}2^n\sin\dfrac{x}{2^n}=$____.

4. 已知函数 $f(x)=\begin{cases}2x-1 & x<1\\ \sin x+2 & x\geq 1\end{cases}$，则 $\lim\limits_{x\to 0}f(x)=$____.

5. $\lim\limits_{x\to 0}\dfrac{1}{x\cot x}=$____.

6. $\lim\limits_{x\to 0}(1-\dfrac{1}{x})^{2x}=$____.

7. 设 $f(x)=\dfrac{|x-1|}{x-1}$，则 $\lim\limits_{x\to 1}f(x)=$____.

8. 当 $x\to 0$ 时，$2\sin x-\sin 2x\sim x^k$，则 $k=$____.

三、计算题

1. 设 $f(x)=\begin{cases}x^2-1 & x\geq 0\\ 1-x^2 & x<0\end{cases}$，求 $f(x)+f(-x)$.

2. 求极限 $\lim\limits_{n\to\infty}(\sqrt{n^2+1}-\sqrt{n^2-5n})$.

3. 求极限 $\lim\limits_{x\to16}\dfrac{\sqrt[4]{x}-2}{\sqrt{x}-4}$.

4. 求极限 $\lim\limits_{x\to+\infty}\left(\sqrt{x+\sqrt{x+\sqrt{x}}}-\sqrt{x}\right)$.

5. 求极限 $\lim\limits_{x\to\infty}\left(1+\dfrac{2}{x+1}\right)^x$.

6. 已知 $\lim\limits_{x\to\infty}\left(\dfrac{x+a}{x-a}\right)^x=4$，求常数 a.

7. 定义 $f(0)$ 的值，使 $f(x)=\dfrac{\sqrt{1+x}-1}{\sqrt[3]{1+x}-1}$ 在 $x=0$ 处连续 .

总复习题一答案与提示

一、　1. C.　2. C.　3. D.　4. D.　5. D.　6. A.　7. D.　8. B.

二、　1. $[1,7]$.　2. $f^{-1}(x)=\dfrac{x+1}{1-x}$.　3. x.　4. -1.　5. 1.

6. e^{-2}.　7. 不存在 .　8. 3.

三、　1. $f(x)+f(-x)=\begin{cases}0 & x\neq0\\-2 & x=0\end{cases}$.　2. $\dfrac{5}{2}$　3. $\dfrac{1}{4}$　4. $\dfrac{1}{2}$

5. e^2　6. ln2.　7. $\dfrac{3}{2}$.

第二章　导数与微分

本章学习提要

• 本章主要概念有：导数定义，微分定义；

• 本章主要定理有：求导的四则运算法则，复合函数求导法则，可导与可微关系定理；

• 本章必须掌握的方法是：导数的各类求法，高阶导的求法，微分的求法．

引　言

微积分学是高等数学最基本、最重要的组成部分，是现代数学许多分支的基础，是人类认识客观世界、探索宇宙奥秘的典型数学模型之一．微分学是微积分的重要组成部分，它的基本概念是导数与微分，本章主要讨论导数与微分的概念及它们的计算方法．

第一节　导数的概念

一、实例引入

引例 1　变速直线运动的瞬时速度

某物体作变速直线运动，运动方程为 $s=s(t)$，求物体在时刻 t_0 的瞬时速度

$v(t_0)$.

解：时间间隔越短，平均速度就越接近于瞬时速度，从而瞬时速度可认为是平均速度的极限值．给时间 t 在 t_0 处的改变量 Δt，相应的距离 s 的改变量 $\Delta s=s(t_0+\Delta t)-s(t_0)$，则在 t_0 到 $t_0+\Delta t$ 这段时间内的平均速度为

$\bar{v}=\dfrac{\Delta s}{\Delta t}=\dfrac{s(t_0+\Delta t)-s(t_0)}{\Delta t}$，所以 $v(t_0)=\lim\limits_{\Delta t\to 0}\dfrac{\Delta s}{\Delta t}=\lim\limits_{\Delta t\to 0}\dfrac{s(t_0+\Delta t)-s(t_0)}{\Delta t}$.

引例 2　平面曲线的切线

设曲线 C 是函数 $y=f(x)$ 的图形，求曲线 C 在点 $M(x_0,f(x_0))$ 处的切线的斜率．

解：曲线的切线定义为曲线割线的极限位置．

给自变量 x 在 x_0 处的改变量 Δx，相应的函数改变量

$$\Delta y=f(x_0+\Delta x)-f(x_0),$$

得到曲线上另一点 $N(x_0+\Delta x,f(x_0+\Delta x))$，割线 MN 的斜率

$$k_{割}=\frac{\Delta y}{\Delta x}=\frac{f(x_0+\Delta x)-f(x_0)}{\Delta x}$$

则切线 MT 的斜率 $k_{切}=\lim\limits_{\Delta x\to 0}\dfrac{f(x_0+\Delta x)-f(x_0)}{\Delta x}$

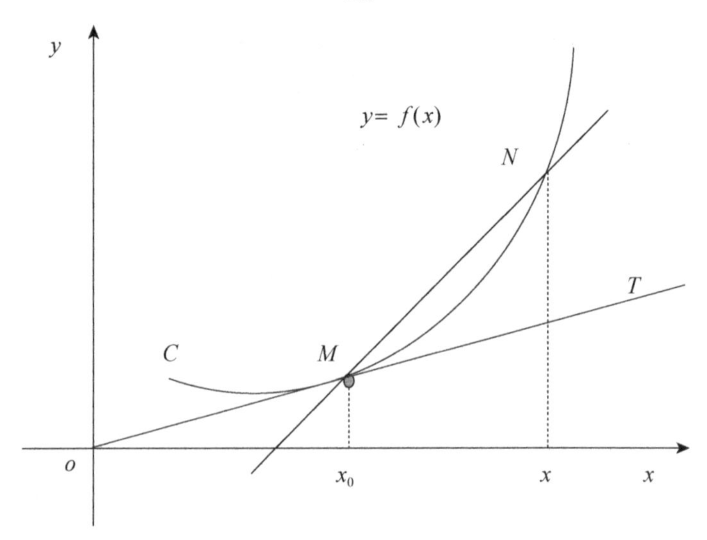

图 2-1

上述两个例子的实际意义完全不同，但其实质都是函数的改变量与自变量的改变量之比，在自变量改变量趋于零时的极限．这个特定的极限就叫作函数的导数．

二、导数的定义

定义 1　设函数 $y=f(x)$ 在点 x_0 的某一邻域内有定义，当自变量 x 在点 x_0 处有改变量 $\Delta x(\Delta x\neq 0)$，x_0 仍在该邻域内时，相应地，函数有改变量 $\Delta y=f(x_0+\Delta x)-f(x_0)$，若极限

$$\lim_{\Delta x\to 0}\frac{\Delta y}{\Delta x}=\lim_{\Delta x\to 0}\frac{f(x_0+\Delta x)-f(x_0)}{\Delta x}$$

存在，则称 $f(x)$ 在点 x_0 处可导，并称此极限值为 $f(x)$ 在点 x_0 处的导数，记为 $f'(x_0)$，也可记为 $f'(x_0)$，$f'\Big|_{x=x_0}$，$\dfrac{dy}{dx}\Big|_{x=x_0}$ 或 $\dfrac{df}{dx}\Big|_{x=x_0}$，即

$$f'(x_0)=\lim_{\Delta x\to 0}\frac{\Delta y}{\Delta x}=\lim_{\Delta x\to 0}\frac{f(x_0+\Delta x)-f(x_0)}{\Delta x}.$$

若极限不存在，则称 $y=f(x)$ 在点 x_0 处不可导．

1. 等价定义

在导数定义中，令 $x_0+\Delta x=x$，则当 $\Delta x\to 0$ 时，有 $x\to x_0$，所以函数 $f(x)$ 在点 x_0 处的导数 $f'(x_0)$ 也可表示为

$$f'(x_0)=\lim_{x\to x_0}\frac{f(x)-f(x_0)}{x-x_0}$$

2. 左导数与右导数定义

（1）函数 $f(x)$ 在点 x_0 处的左导数

$$f_-'(x_0)=\lim_{\Delta x\to 0^-}\frac{\Delta y}{\Delta x}=\lim_{\Delta x\to 0^-}\frac{f(x_0+\Delta x)-f(x_0)}{\Delta x}.$$

（2）函数 $f(x)$ 在点 x_0 处的右导数

$$f_+'(x_0)=\lim_{\Delta x\to 0^+}\frac{\Delta y}{\Delta x}=\lim_{\Delta x\to 0^+}\frac{f(x_0+\Delta x)-f(x_0)}{\Delta x}.$$

定理 1 函数 $f(x)$ 在点 x_0 处可导的充分必要条件是 $f(x)$ 在点 x_0 处的左导数和右导数都存在且相等.

3. 导数的几何意义

函数 $y=f(x)$ 在点 x_0 处的导数 $f'(x_0)$ 表示曲线 $y=f(x)$ 在点 $(x_0, f(x_0))$ 处的切线斜率.

关于导数的几何意义的说明:

(1) 曲线 $y=f(x)$ 上点 (x_0, y_0) 处的切线斜率是纵坐标变量 y 对横坐标变量 x 的导数. 这一点在考虑用参数方程表示的曲线上某点的切线斜率时尤为重要.

(2) 如果函数 $y=f(x)$ 在点 x_0 处的导数为无穷(即 $\lim\limits_{\Delta x\to 0}\dfrac{\Delta y}{\Delta x}=\infty$, 此时 $f(x)$ 在 x_0 处不可导), 则曲线 $y=f(x)$ 上点 (x_0, y_0) 处的切线垂直于 x 轴.

(3) 函数在某点可导几何上意味着函数曲线在该点处必存在不垂直于 x 轴的切线.

例 1 求证: 常数函数 $y=c$ 在任一点 x 处的导数为 0.

证明: 由导数的定义知

$$f'(x)=\lim_{\Delta x\to 0}\frac{f(x+\Delta x)-f(x)}{\Delta x}=\lim_{\Delta x\to 0}\frac{c-c}{\Delta x}=0.$$

例 2 设 $f(x)=\begin{cases}\ln(1+x) & x\geq 0\\ x & x<0\end{cases}$, 求 $f'(0)$.

解: 因为 $f(x)$ 是分段函数, 所以要考虑左右导数,

$$f_-'(0)=\lim_{\Delta x\to 0^-}\frac{f(x)-f(0)}{x-0}=\lim_{x\to 0^-}\frac{x-0}{x}=1,$$

$$f_+'(0)=\lim_{\Delta x\to 0^+}\frac{f(x)-f(0)}{x-0}=\lim_{x\to 0^+}\frac{\ln(1+x)}{x}=1,$$

因此 $f'(0)=1$.

例 3 设 $f(x)=|x|$, 求证: $f(x)$ 在 $x=0$ 处连续但不可导.

证明: 因为 $\lim\limits_{x\to 0}f(x)=\lim\limits_{x\to 0}|x|=0=f(0)$,

所以 $f(x)$ 在 $x=0$ 处连续.

又 $f_-'(0)=\lim\limits_{x\to 0^-}\dfrac{f(x)-f(0)}{x-0}=\lim\limits_{x\to 0^-}\dfrac{-x}{x}=-1$,

$f_+'(0)=\lim\limits_{x\to 0^+}\dfrac{f(x)-f(0)}{x-0}=\lim\limits_{x\to 0^+}\dfrac{x}{x}=1$,

因此 $f'(0)$ 不存在 .

【注】 求分段函数在分界点处的导数要用导数定义求 .

例 4　用导数定义求函数 $y=x^\alpha$ 在点 x 处的导数 .

解: 由导数的定义知

$$f'(x)=\lim_{\Delta x\to 0}\frac{f(x+\Delta x)-f(x)}{\Delta x}=\lim_{\Delta x\to 0}\frac{(x+\Delta x)^\alpha-x^\alpha}{\Delta x}=\lim_{\Delta x\to 0}\frac{x^\alpha\left[\left(1+\frac{\Delta x}{x}\right)^\alpha-1\right]}{\Delta x}=\alpha x^{\alpha-1}.$$

例 5　求曲线 $y=x^2$ 在点(1, 1)处的切线方程 .

解: 由例 4 知, $y'(x)=2x$, 则切线斜率 $k=y'(1)=2$, 则切线方程为 $y=2x-1$.

【注】

由导数定义可求得 $(\log_a x)'=\dfrac{1}{x\ln a}$, $(\ln x)'=\dfrac{1}{x}$, $(a^x)'=a^x\ln a$, $(e^x)'=e^x$, $(\sin x)'=\cos x$, $(\cos x)'=-\sin x$.

4. 可导与连续的关系

定理 2　若函数 $y=f(x)$ 在点 x_0 处可导, 则 $y=f(x)$ 在点 x_0 处一定连续 . 但反过来不一定成立, 即在点 x_0 处连续的函数未必在点 x_0 处可导 .

证明: 因为 $y=f(x)$ 在点 x_0 处可导, 所以 $f'(x_0)=\lim\limits_{\Delta x\to 0}\dfrac{\Delta y}{\Delta x}$,

则 $\lim\limits_{\Delta x\to 0}\Delta y=\lim\limits_{\Delta x\to 0}\dfrac{\Delta y}{\Delta x}\Delta x=0$, 从而 $y=f(x)$ 在点 x_0 处连续 .

由例 3 可知连续不一定可导 .

【注】 不连续一定不可导 .

5. 导函数

定义 2　如果函数 $y=f(x)$ 在开区间 I 内的每点处都可导, 就称函数 $f(x)$ 在

开区间 I 内可导．若函数 $f(x)$ 在开区间 I 内可导，则对 $\forall x \in I$，存在唯一的导数值 $f'(x)$ 与 x 相对应，这样就构成了 I 上一个新的函数关系，称为原来函数 $y=f(x)$ 的导函数，简称为导数，记作 y'，$f'(x)$，$\frac{\mathrm{d}y}{\mathrm{d}x}$ 或 $\frac{\mathrm{d}f(x)}{\mathrm{d}x}$.

【注】

(1) $f'(x_0)$ 就是导函数 $f'(x)$ 在 x_0 处的函数值．

(2) $f'(x)$ 是 $f(x)$ 的导数，$f'(x_0)$ 是 $f(x)$ 在点 x_0 处的导数．

(3) $[f(x_0)]'=0$，即函数值的导数等于 0.

三、导数的运算法则

1. 导数的四则运算法则

定理 3　若函数 $f(x)$，$g(x)$ 在点 x 处可导，则它们的和、差、积、商（分母不为零）在点 x 处也可导，且

(1) $[f(x)\pm g(x)]'=f'(x)\pm g'(x)$；

(2) $[f(x)g(x)]'=f'(x)g(x)+g'(x)f(x)$；

(3) $[kf(x)]'=kf'(x)$，k 是常数；

(4) $\left[\frac{f(x)}{g(x)}\right]'=\frac{f'(x)g(x)-g'(x)f(x)}{g^2(x)}$，$(g(x)\neq 0)$．

证明： 在此只证明（2），其他请读者自己证明．

(2) $[f(x)g(x)]'=\lim\limits_{\Delta x\to 0}\frac{f(x+\Delta x)g(x+\Delta x)-f(x)g(x)}{\Delta x}$

$$=\lim_{\Delta x\to 0}\frac{f(x+\Delta x)g(x+\Delta x)-f(x)g(x+\Delta x)+f(x)g(x+\Delta x)-f(x)g(x)}{\Delta x}$$

$$=\lim_{\Delta x\to 0}\frac{[f(x+\Delta x)-f(x)]g(x+\Delta x)+f(x)[g(x+\Delta x)-g(x)]}{\Delta x}$$

$$=\lim_{\Delta x\to 0}\frac{[f(x+\Delta x)-f(x)]}{\Delta x}g(x+\Delta x)+\lim_{\Delta x\to 0}\frac{[g(x+\Delta x)-g(x)]}{\Delta x}f(x)$$

$$=f'(x)g(x)+g'(x)f(x)$$

例 6　求证：$(\tan x)'=\sec^2 x$.

证明：

$$(\tan x)'=\left(\frac{\sin x}{\cos x}\right)'=\frac{(\sin x)'\cos x-(\cos x)'\sin x}{\cos^2 x}=\frac{\cos^2 x+\sin^2 x}{\cos^2 x}=\frac{1}{\cos^2 x}=\sec^2 x.$$

同样可有$(\cot x)'=-\csc^2 x$，$(\sec x)'=\sec x\tan x$，$(\csc x)'=-\csc x\cot x$.

2. 反函数的导数

定理 4　如果函数$x=f(y)$在区间I_y内单调、可导且$f'(y)\neq 0$，则它的反函数$y=f^{-1}(x)$ 在区间$I_x=\{x|x=f(y),\ y\in I_y\}$内也可导，且$[f^{-1}(x)]'=\dfrac{1}{f'(y)}$.

证明：$[f^{-1}(x)]'=\lim\limits_{\Delta x\to 0}\dfrac{\Delta y}{\Delta x}=\lim\limits_{\Delta x\to 0}\dfrac{1}{\frac{\Delta x}{\Delta y}}=\dfrac{1}{\lim\limits_{\Delta y\to 0}\frac{\Delta x}{\Delta y}}=\dfrac{1}{f'(y)}$.

例 7　求证：$(\arcsin x)'=\dfrac{1}{\sqrt{1-x^2}}$.

证明：令$y=\arcsin x$，

则$x=\sin y$且$(\arcsin x)'=\dfrac{1}{(\sin y)'}=\dfrac{1}{\cos y}=\dfrac{1}{\sqrt{1-\sin^2 y}}=\dfrac{1}{\sqrt{1-x^2}}$.

同样可有$(\arccos x)'=\dfrac{-1}{\sqrt{1-x^2}}$，$(\arctan x)'=\dfrac{1}{1+x^2}$，$(\operatorname{arccot} x)'=\dfrac{-1}{1+x^2}$.

3. 复合函数的导数

定理 5　如果函数$u=g(x)$在点x处可导，而$y=f(u)$在点$u=g(x)$处可导，则复合函数$y=f[g(x)]$在点x处可导，且其导数为$\dfrac{dy}{dx}=\dfrac{dy}{du}\dfrac{du}{dx}$.

证明：$\dfrac{dy}{dx}=\lim\limits_{\Delta x\to 0}\dfrac{\Delta y}{\Delta x}=\lim\limits_{\Delta x\to 0}\dfrac{\Delta y}{\Delta u}\dfrac{\Delta u}{\Delta x}=\lim\limits_{\Delta u\to 0}\dfrac{\Delta y}{\Delta u}\lim\limits_{\Delta x\to 0}\dfrac{\Delta u}{\Delta x}=\dfrac{dy}{du}\dfrac{du}{dx}$.

4. 由参数方程确定的函数的导数

定义 3　若参数方程$\begin{cases}x=\varphi(t)\\ y=\psi(t)\end{cases}$确定$y$是$x$的函数关系$y=y(x)$，则称$y=y(x)$

是由参数方程$\begin{cases} x=\varphi(t) \\ y=\psi(t) \end{cases}$确定的函数.

定理6 $y=y(x)$是由参数方程$\begin{cases} x=\varphi(t) \\ y=\psi(t) \end{cases}$确定的函数，$\varphi(t)$，$\psi(t)$可导，且$\varphi'(t)\neq 0$，则$y=y(x)$可导，且$\dfrac{dy}{dx}=\dfrac{\psi'(t)}{\varphi'(t)}$.

证明： $y=\psi(t)=\psi(\varphi^{-1}(x))\Rightarrow\dfrac{dy}{dx}=\dfrac{dy}{dt}\,\dfrac{dt}{dx}=\dfrac{dy}{dt}\Big/\dfrac{dx}{dt}=\dfrac{\psi'(t)}{\varphi'(t)}$.

【注】 $y=y(x)$的导数$y'(x)$是由参数方程$\begin{cases} x=\varphi(t) \\ y'=\dfrac{\psi'(t)}{\varphi'(t)} \end{cases}$确定的函数.

四、导数表

1. $c'=0$（c为常数）.
2. $(x^{\alpha})'=ax^{\alpha-1}$.
3. $(a^x)'=a^x\ln a$，$(e^x)'=e^x$.
4. $(\log_a x)'=\dfrac{1}{x\ln a}$，$(\ln x)'=\dfrac{1}{x}$.
5. $(\sin x)'=\cos x$，$(\cos x)'=-\sin x$，$(\tan x)'=\sec^2 x$，
   $(\cot x)'=-\csc^2 x$，$(\sec x)'=\sec x\tan x$，$(\csc x)'=-\csc x\cot x$.
6. $(\arcsin x)'=\dfrac{1}{\sqrt{1-x^2}}$，$(\arccos x)'=\dfrac{-1}{\sqrt{1+x^2}}$，
   $(\arctan x)'=\dfrac{1}{1+x^2}$，$(\text{arccot}\, x)'=\dfrac{-1}{1+x^2}$.

五、学法建议

1. 本节的重点是导数定义、导数的四则运算法则、复合函数求导法则和导数表.

2. 要熟悉导数的几何意义，知道可导与连续的关系，会用导数定义讨论分段函数在分段点处的导数.

习题 2-1

一、填空题.

1. 曲线 $y=x^3$ 在点____的切线斜率等于 3.

2. 抛物线 $y=x^2$ 在点____的切线平行于 x 轴.

3. 曲线 $y=\ln x$ 在点 $M(e,\ 1)$ 处切线方程是____.

4. 设 $f(x)=\dfrac{1}{\sqrt[4]{x^3}}$，则 $f'(x)=$____.

5. 设 $\lim\limits_{x\to x_0} f(x)$ 存在，则 $[\lim\limits_{x\to x_0} f(x)]'=$____.

6. 设 $f'(2)=1$，则 $\lim\limits_{\Delta x\to 0}\dfrac{f(2+2\Delta x)-f(2)}{\Delta x}=$____.

7. 设函数 $f(x)=(x^2-a^2)\varphi(x)$，其中 $\varphi(x)$ 在 $x=a$ 处连续，则 $f(x)$ 在 $x=a$ 处可导，且 $f'(a)=$____.

二、计算题.

1. 设 $f(x)=x\cos x$，求 $f'(0)$.

2. 设 $f(x)=\sqrt{x\sqrt{x\sqrt{x}}}$，求 $f'(0)$.

3. 设 $f'(x_0)$ 存在，且 $\lim\limits_{h\to 0}\dfrac{f(x_0+3h)-f(x_0)}{h}=1$，求 $f'(x_0)$.

4. 设 $f(x)=\begin{cases} x\arctan\dfrac{1}{x},\ x\neq 0 \\ 0,\ x=0 \end{cases}$，讨论 $f(x)$ 在 $x=0$ 处的连续性与可导性.

5. 求 a，b 的值，使函数 $f(x)=\begin{cases} x^2+2x+3,\ x\le 0 \\ ax+b,\ x>0 \end{cases}$ 在 $x=0$ 处可导.

6. 已知曲线 $f(x)=x^n$ 在点 $(1,\ 1)$ 处的切线与 x 轴的交点为 $(t_n,\ 0)$，求 $\lim\limits_{n\to\infty} f(t_n)$.

三、应用题与证明题.

1. 已知曲线 $y=\frac{1}{x}$，求曲线上点 $M(1,\ 1)$ 处的切线与两坐标轴围成的三角形的面积.

2. 用导数定义证明：若 $f(x)$ 为可导的周期函数，则 $f'(x)$ 也是周期函数.

习题 2-1 答案与提示

一、 1. $(-1,\ -1)$，$(1,\ 1)$. 2. $(0,\ 0)$.

3. $x-ey=0$. 4. $-\frac{3}{4}x^{\frac{7}{4}}$.

5. 0. 6. 2. 7. $2a\varphi(a)$.

二、 1. $f'(0)=1$. 2. $f'(x)=\frac{7}{8}x^{-\frac{1}{8}}$. 3. $f'(x_0)=\frac{1}{3}$.

4. 连续，不可导. 5. $a=2$，$b=3$. 6. $\lim\limits_{n\to\infty}f(t_n)=e^{-1}$.

三、 1. 面积 $S=2$.

2. 设函数 $f(x)$ 的周期为 T，则

$$f'(x)=\lim_{\Delta x\to 0}\frac{f(x+\Delta x)-f(x)}{\Delta x}=\lim_{\Delta x\to 0}\frac{f(x+T+\Delta x)-f(x+T)}{\Delta x}=f'(x+T).$$

第二节 导数的各类求法及高阶导数

本教材中所研究的函数绝大多数都是初等函数，而初等函数是由基本初等函数经过有限次的和、差、积、商及复合运算得到，从而初等函数求导只需利用求导法则转化为导数表即可，其他各类函数的导数也是转化为初等函数导数处理.高阶导数就是多次的一阶导，从而会求导数就会求高阶导数.

一、导数的各类求法

1. 直接求导法

恒等变形后，利用导数四则运算法则和导数表可求出导数的方法称为直接求导法．恒等变形的主要目的是化积商形式的函数为和差形式，便于求导运算．

例 1　求下列函数的导数：

（1）$y=2e^x-3\cos x+\ln 5$；　　（2）$y=\frac{(\sqrt{x}-1)(\sqrt{x}+1)}{x}$；

（3）$y=\frac{x-\sqrt{x}-\sqrt[3]{x}+1}{\sqrt[3]{x}}$；　　（4）$y=\frac{\cos 2x}{\sin x+\cos x}$.

解：

（1）$y'=2(e^x)'-3(\cos x)'+(\ln 5)'=2e^x+3\sin x$.

（2）$y=1-\frac{1}{x}$，$y'=(1)'-(\frac{1}{x})'=\frac{1}{x^2}$.

（3）$y=x^{\frac{2}{3}}-x^{\frac{1}{6}}-1+x^{\frac{1}{3}}$，$y'=\frac{2}{3}x^{-\frac{1}{3}}-\frac{1}{6}x^{-\frac{5}{6}}-\frac{1}{3}x^{-\frac{4}{3}}$.

（4）$y=\cos x-\sin x$，$y'=(\cos x)'-(\sin x)'=-(\sin x+\cos x)$.

【注】若函数变形后能简化求导运算，应先简化后再求导．

2. 复合函数求导法

函数表达式中含有复合函数的求导问题，要使用复合函数求导法则．

例 2　求下列函数的导数：

（1）$y=e^{\sin x}$；　　（2）$y=\ln\cos 4x$.

解：

（1）$y=e^{\sin x}$是$y=e^u$与$u=\sin x$的二重复合函数，

$$\frac{dy}{dx}=\frac{dy}{du}\frac{du}{dx}=e^u\cos x=\cos xe^{\sin x}.$$

（2）$y=\ln\cos 4x$是$y=\ln u$，$u=\cos v$与$v=4x$的三重复合函数，

$$\frac{dy}{dx}=\frac{dy}{du}\frac{du}{dv}\frac{dv}{dx}=\frac{1}{u}\ (-\sin v)\ 4=-4\tan 4x.$$

［注］(1) 熟练后不必把复合函数的分解步骤写出来，

例如例 2 中题目 (1) 的解题步骤可如下写

$$y'=e^{\sin x}\cos x=\cos x e^{\sin x},$$

例 2 中题目 (2) 的解题步骤可如下写

$$y'=\frac{1}{\cos 4x}(-\sin 4x)4=-4\tan 4x.$$

(2) 例 2 的题型称为纯复合函数求导，直接使用复合函数求导法则就可以．

例 3 求下列函数的导数：

(1) $y=\sqrt{x^2+4x+1}$；　　(2) $y=\ln\frac{x+1}{x-1}$.

解：

(1) $y'=\dfrac{1}{2\sqrt{x^2+4x+1}}(x^2+4x+1)'=\dfrac{x+2}{\sqrt{x^2+4x+1}}$.

(2) $y'=\dfrac{1}{\frac{x+1}{x-1}}\left(\dfrac{x+1}{x-1}\right)'=\dfrac{x-1}{x+1}\dfrac{(x+1)'(x-1)-(x-1)'(x+1)}{(x-1)^2}$

$=\dfrac{x-1}{x+1}\dfrac{-2}{(x-1)^2}=\dfrac{2}{1-x^2}$.

［注］例 3 的题型称为复合套运算函数求导，求导时应先使用复合函数求导法则再用四则运算法则．

例 4 求下列函数的导数：

(1) $y=\sqrt{\ln x}+\ln\sqrt{x}$；　　(2) $y=\sin nx\cos^n x$.

解：

(1) $y'=(\sqrt{\ln x})'+(\ln\sqrt{x})'=\dfrac{1}{2\sqrt{\ln x}}\cdot\dfrac{1}{x}+\dfrac{1}{\sqrt{x}}\cdot\dfrac{1}{2\sqrt{x}}=\dfrac{1}{2x}\left(\dfrac{1}{\sqrt{\ln x}}+1\right)$.

(2) $y'=(\sin nx)'\cos^n x+\sin nx(\cos^n x)'=n\cos nx\cos^n x+n\sin nx\cos^{n-1}x(-\sin x)$

$=n\cos^{n-1}x(\cos nx\cos x-\sin nx\sin x)=n\cos^{n-1}x\cos(n+1)x$.

［注］例 4 的题型称为运算套复合函数求导，求导时应先使用求导的四则运

算法则再用复合函数求导法则．

例 5　设 $y=\ln(x+\sqrt{x^2+1})$，求 y'.

解：利用复合函数求导法求导，得

$$y'=[\ln(x+\sqrt{x^2+1})]'$$

$$=\frac{1}{x+\sqrt{x^2+1}}(x+\sqrt{x^2+1})'$$

$$=\frac{1}{x+\sqrt{x^2+1}}[1+(\sqrt{x^2+1})']$$

$$=\frac{1}{x+\sqrt{x^2+1}}[1+\frac{1}{2\sqrt{x^2+1}}(x^2+1)']$$

$$=\frac{1}{x+\sqrt{x^2+1}}[1+\frac{x}{\sqrt{x^2+1}}]=\frac{1}{\sqrt{x^2+1}}.$$

【注】例 5 的题型称为综合型函数求导，它是复合中套运算，运算中又套复合的函数求导．对于这类复合函数，要根据复合结构，逐层求导，直到最内层求完，对例 5 中括号层次分析清楚，对掌握复合函数的求导是有帮助的．

例 6　设 $f(x)$ 可导，$y=f(\sin^2 x)+f(\cos^2 x)$，求 y'.

解：$y'=f'(\sin^2 x)2\sin x\cos x+f'(\cos^2 x)2\cos x(-\sin x)$

$=\sin 2x[f'(\sin^2 x)-f'(\cos^2 x)]$.

【注】对求导公式做如下两点说明：

（1）求导公式 $\{f[\varphi(x)]\}'$ 表示函数 $f[\varphi(x)]$ 对自变量 x 的导数，即

$$\{f[\varphi(x)]\}'=\frac{df[\varphi(x)]}{dx}.$$

（2）求导公式 $f'[\varphi(x)]$ 表示函数 $f[\varphi(x)]$ 对变量 $\varphi(x)$ 的导数，即

$$f'[\varphi(x)]=\frac{df[\varphi(x)]}{d\varphi(x)}.$$

3. 隐函数的求导法

例 7　已知 $\arctan\frac{x}{y}=\ln\sqrt{x^2+y^2}$ 求 y'.

解：两端对 x 求导，得 $\frac{1}{1+(\frac{x}{y})^2}(\frac{x}{y})'=\frac{1}{\sqrt{x^2+y^2}}(\sqrt{x^2+y^2})'$，

$$\frac{y^2}{x^2+y^2}\frac{y-xy'}{y^2}=\frac{1}{\sqrt{x^2+y^2}}\frac{2x+2y\ y'}{2\sqrt{x^2+y^2}},$$

整理得 $(y+x)y'=y-x$，故 $y'=\frac{y-x}{y+x}$.

【注】（1）对于隐函数求导，方程两边关于自变量 x 求导后，得到关于 y' 的方程，解此方程可求 y'.

（2）会复合函数求导就会隐函数求导，隐函数求导就是运算套复合的函数求导 .

4. 取对数求导法

形如 $y=f(x)^{g(x)}$ 的函数称为幂指函数．对于幂指函数和多项乘积形式的函数，应先取对数转化为隐函数后再求导 .

例 8　求下列函数的导数：

（1）$y=x^x$；　　　　（2）$y=\sqrt[x]{\frac{x\ (x^2-1)}{(x-2)^2}}$.

解：

（1）两边取对数，得 $\ln y=x\ln x$.

两边对自变量 x 求导，得 $\frac{1}{y}y'=\ln x+1\Rightarrow y'=x^x(\ln x+1)$.

（2）两边取对数，得 $\ln y=\frac{1}{x}[\ln x+\ln(x^2-1)-2\ln(x-2)]$，

两边对自变量 x 求导，得

$$\frac{1}{y}y'=\frac{-1}{x^2}[\ln x+\ln(x^2-1)-2\ln(x-2)]+\frac{1}{x}[\frac{1}{x}+\frac{2x}{x^2-1}-\frac{2}{x-2}],$$

$$y'=\sqrt[x]{\frac{x\ (x^2-1)}{(x-2)^2}}[-\frac{1}{x^2}\ln\frac{x(x^2-1)}{(x-2)^2}+\frac{1}{x^2}+\frac{2}{x^2-1}-\frac{2}{x(x-2)}].$$

5. 由参数方程所确定的函数的求导法

例 9　设$\begin{cases}x=t-\cos t\\y=\sin t\end{cases}$，求 $\dfrac{dy}{dx}$.

解：$\dfrac{dy}{dx}=\dfrac{(\sin t)'}{(t-\cos t)'}=\dfrac{\cos t}{1+\sin t}$.

二、导数的简单应用

1. 求曲线的切线方程

例 10　求曲线$(x-1)^2+(y+\frac{3}{2})^2=\frac{5}{4}$的切线，使该切线平行于直线 $2x+y=8$.

解：方程$(x-1)^2+(y+\frac{3}{2})^2=\frac{5}{4}$两端对 x 求导，得 $2(x-1)+2(y+\frac{3}{2})y'=0$，

$y'(3+2y)=2-2x$，$y'=\dfrac{2-2x}{3+2y}$，由于该切线平行于直线 $2x+y=8$，

所以有 $\dfrac{2-2x}{3+2y}=-2$，$1-x=-(3+2y)$，$x-2y-4=0$，$x=4+2y$.

因为切点必在曲线上，所以，将 $x=4+2y$ 代入曲线方程得

$[(4+2y)-1]^2+(y+\frac{3}{2})^2=\frac{5}{4}$,

$5y^2+15y+10=0$，$y^2+3y+2=0$，

解之 $y_1=-1$，$y_2=-2$，此时 $x_1=4+2\times(-1)=2$，$x_2=4+2\times(-2)=0$，

切点的坐标为$(2,-1)$，$(0,-2)$，又因为切线的斜率为-2，

因此得切线的方程分别为

$y+1=-2(x-2)$，即　$2x+y-3=0$，

$y+2=-2(x-0)$，即　$2x+y+2=0$.

2. 求函数的变化率

例 11　落在平静水面上的石头，产生同心圆形波纹，若最外一圈半径的增

大率总是6m/s，问2s末受到扰动的水面面积的增大率为多少？

解：设时刻t时最外圈波纹半径为$r(t)$，扰动水面面积为$S(t)$，则

$$S(t)=\pi r^2(t)$$

两边同时对t求导，得$S'(t)=2\pi r(t)r'(t)=12\pi r(t)$

从而$S'(2)=12\pi r(2)$，

$r'(t)\equiv 6$为常数，故$r(t)=6t$(类似于匀速直线运动路程与速度、时间的关系)，因此$r(2)=12$，故有$S'(2)=12\pi\cdot 12=144\pi(\mathrm{m}^2/\mathrm{s})$.

从而，2s末受到扰动的水面面积的增大率为$144\pi(\mathrm{m}^2/\mathrm{s})$.

【注】对于求变化率的模型，要先根据几何关系及物理知识建立变量之间的函数关系式. 若是相关变化率模型，求变化率时要根据复合函数的链式求导法，弄清是对哪个变量求导数.

三、高阶导数

1. 高阶导数的概念

定义1 函数$y=f(x)$的一阶导数$y'=f'(x)$仍然是x的函数，若$f'(x)$仍可导，则将一阶导数$f'(x)$的导数$(f'(x))'$称为函数$y=f(x)$的二阶导数，记为

$$f''(x),\ y'',\ \frac{\mathrm{d}^2y}{\mathrm{d}x^2}\text{ 或 }\frac{\mathrm{d}^2f(x)}{\mathrm{d}x^2}.$$

类似地，$f(x)$的二阶导数的导数称为$f(x)$的三阶导数，记为

$$f'''(x),\ y''',\ \frac{\mathrm{d}^3y}{\mathrm{d}x^3}\text{ 或 }\frac{\mathrm{d}^3f(x)}{\mathrm{d}x^3}.$$

一般地，$f(x)$的$(n-1)$阶导数的导数称为$f(x)$的n阶导数，记为

$$f^{(n)}(x),\ y^{(n)},\ \frac{\mathrm{d}^ny}{\mathrm{d}x^n}\text{ 或 }\frac{\mathrm{d}^nf(x)}{\mathrm{d}x^n}.$$

定义2 二阶及二阶以上的导数统称为高阶导数.

【注】二阶导数的物理意义是加速度，即距离的二阶导数$s''(t)$是加速度$a(t)$.

2. 高阶导数的求法

例 1　求下列函数的二阶导数：

（1）$y=xe^{x^2}$；　　　（2）$y=1+xe^y$.

解：

（1）$y'=(x)'e^{x^2}+(e^{x^2})'x=e^{x^2}+2xe^{x^2}x=(1+2x^2)e^{x^2}$，

$y''=(1+2x^2)'e^{x^2}+(e^{x^2})'(1+2x^2)=4xe^{x^2}+2xe^{x^2}(1+2x^2)=2x(2x^2+3)e^{x^2}$.

（2）方程 $y=1+xe^y$ 两边关于 x 求导，$y'=e^y+e^y y'x \Rightarrow y'=\dfrac{e^y}{1-xe^y}=\dfrac{e^y}{2-y}$，

$$y''=\left(\frac{e^y}{2-y}\right)'=\frac{(e^y)'(2-y)-(2-y)'e^y}{(2-y)^2}=\frac{e^y y'(2-y)+y'e^y}{(2-y)^2}$$

$$=\frac{e^y y'(3-y)}{(2-y)^2}=\frac{e^y(3-y)\dfrac{e^y}{2-y}}{(2-y)^2}=\frac{(3-y)e^{2y}}{(2-y)^3}.$$

例 2　求由参数方程 $\begin{cases}x=a(t-\sin t)\\ y=a(1-\cos t)\end{cases}$ 所确定的函数 $y=y(x)$ 的二阶导数.

解： $\dfrac{dy}{dx}=\dfrac{\frac{dy}{dt}}{\frac{dx}{dt}}=\dfrac{a\sin t}{a(1-\cos t)}=\dfrac{\sin t}{1-\cos t}=\cot\dfrac{t}{2}$，　　$(t\neq 2n\pi,\ n\in Z)$

$$\frac{d^2y}{dx^2}=\frac{\frac{dy'}{dt}}{\frac{dx}{dt}}=\frac{-\dfrac{1}{2\sin^2\frac{t}{2}}}{a(1-\cos t)}=-\frac{1}{a(1-\cos t)^2},\qquad (t\neq 2n\pi,\ n\in Z).$$

例 3　求下列函数的 n 阶导数：

（1）$y=e^{2x}$；　　　（2）$y=\sin x$.

解：

（1）$y'=2e^{2x}$，$y''=2^2e^{2x}$，$y'''=2^3e^{2x}\cdots y^{(n)}=2^ne^{2x}$.

（2）$y'=\cos x=\sin(x+\dfrac{\pi}{2})$，　　$y''=-\sin x=\sin(x+\pi)$，

$y'''=-\cos x=\sin\left(x+\frac{3\pi}{2}\right)$， $y^{(4)}=\sin x=\sin\left(x+2\pi\right)$ …

$y^{(n)}=\sin\left(x+\frac{n\pi}{2}\right)$.

例 4 设 $y=x^{100}+50x^{78}+x+1$，则 $y^{(100)}=$ ____.

解：若 $y=x^n$，则 $y^{(n)}=n!$，$y^{(n+1)}=0$，从而 $y^{(100)}=100!$.

四、学法建议

1. 本节重点是掌握导数的各类求法，会求二阶导数．其难点是求复合函数和隐函数的导数方法．

2. 复合函数求导法既是重点，又是难点，不易掌握，怎样才能达到事半功倍的效果呢？首先，必须熟记基本的求导公式，其次，对求导公式$\frac{\mathrm{d}y}{\mathrm{d}x}=\frac{\mathrm{d}y}{\mathrm{d}u}\frac{\mathrm{d}u}{\mathrm{d}x}$必须弄清每一项是对哪个变量求导，如 $y=f[\varphi(x)]$，$y'\neq f'[\varphi(x)]$，因为 $y'=\frac{\mathrm{d}y}{\mathrm{d}x}$，$f'[\varphi(x)]=\frac{\mathrm{d}y}{\mathrm{d}\varphi(x)}$. 另外，要想达到求导既迅速又准确，必须多做题．但要牢记，导数是函数改变量与自变量改变量之比的极限，不能因为有了基本初等函数的求导公式及求导法则后，就认为求导仅是利用这些公式与法则的某种运算而忘记了导数的本质．

3. 利用导数解决实际问题，本节主要有两类题型．一类是几何应用，用来求切线、法线方程．其关键是求出切线的斜率 $k=\left.\frac{\mathrm{d}y}{\mathrm{d}x}\right|_{x=x_0}$ 及切点的坐标；另一类是变化率模型，求变化率时，一定要弄清是哪个变量的变化率，如速度 $v=\frac{\mathrm{d}s}{\mathrm{d}t}$，加速度$a=\frac{\mathrm{d}v}{\mathrm{d}t}=\frac{\mathrm{d}^2s}{\mathrm{d}t^2}$.

习题 2-2

一、计算题.

1. 求下列函数的导数:

(1) $y=3^x+x^3-\ln 2$;

(2) $y=\dfrac{2x^3+3x-\sqrt{x}-4}{x\sqrt{x}}$;

(3) $y=x^2\cot x\ln x$;

(4) $y=(\sqrt{x}+1)(\dfrac{1}{\sqrt{x}}-1)$;

(5) $y=\dfrac{1-e^x}{1+e^x}$;

(6) $y=\dfrac{x}{1-\cos x}$;

(7) $y=\dfrac{(\sqrt{x}+1)^2}{\sqrt{x}}$;

(8) $y=x\sin x+\cos x$;

(9) $y=xa^x+\dfrac{\arctan x}{1+x^2}$;

(10) $y=x^{a^2}+a^x+a^{a^2}$.

2. 设 $f(x)=x(x-1)\cdots(x-1000)$, 求 $f'(0)$.

3. 设 $f(x)=e^x(x^2-2x-1)$, 求方程 $f'(x)=0$ 的根.

4. 求下列函数的导数:

(1) $y=3^{\sin x}$;

(2) $y=e^{\tan^3\frac{1}{x}}$;

(3) $y=\arcsin\sqrt{1-4x}$;

(4) $y=\sqrt[3]{x+\sqrt[3]{x}}$;

(5) $y=(x^2+1)\arctan\dfrac{1+x}{1-x}$;

(6) $y=\ln\dfrac{x^4}{\sqrt{x+1}}$;

(7) $y=[\ln(x\sec x)]^2$;

(8) $y=\dfrac{\sin^2 x}{\sin x^2}$;

(9) $y=\sin x\cos x\cos 2x\cos 4x$.

5. 设 $x^2y-e^{2x}=\sin y$, 求 $\dfrac{dy}{dx}$.

6. 设 $x^3+y^3-\sin 3x+6y=0$, 求 $\left.\dfrac{dy}{dx}\right|_{x=0}$.

7. $y=\sqrt[3]{\dfrac{(1-x)\ (2x+3)}{(1+x)^2}}$，求$\dfrac{dy}{dx}$.

8. 设$y=y\ (x)$ 由$\begin{cases}x=3t^2+2t+3\\ e^y\sin t-y+1=0\end{cases}$确定，求$\left.\dfrac{dy}{dx}\right|_{t=0}$.

9. 求下列函数的二阶导数.

(1) $y=\arcsin x$;

(2) $y=x\ (\sin\ln x+\cos\ln x)$;

(3) $y=\ln\dfrac{x^3}{\sqrt{x^2+1}}$;

(4) $y=\dfrac{1}{2}\arctan\dfrac{2x}{1-x^2}$.

二、应用题.

1. 求过原点与曲线$y=\dfrac{x+9}{x+5}$相切的切线方程.

2. 求与直线$x+9y-1=0$垂直的曲线$y=x^3-3x^2+5$的切线方程.

3. 求$\begin{cases}x=t^3-3t+1\\ y=\ln(t+1)\end{cases}$在$t=0$处的法线方程.

4. 球的半径$R(t)$以速度v改变，球的体积$V(t)$以怎样的速度改变?

三、证明题.

证明：曲线$\sqrt{x}+\sqrt{y}=1$上任意一点的切线在两坐标轴上的截距之和为1.

习题2-2答案与提示

一、

1.

(1) $y'=3^x\ln3+3x^2$;

(2) $y'=3\sqrt{x}-\dfrac{3}{2\sqrt{x^3}}+x^{-2}+6x^{-\frac{5}{2}}$;

(3) $y'=2x\cot x\ln x-x^2\csc^2 x\ln x+x\cot x$;

(4) $y'=-\dfrac{1}{2}x^{-\frac{3}{2}}-\dfrac{1}{2}x^{-\frac{1}{2}}$;

(5) $y'=\dfrac{-2e^x}{(1+e^x)^2}$;

(6) $y'=\dfrac{1-\cos x-x\sin x}{(1-\cos x)^2}$;

(7) $y'=\dfrac{1}{2\sqrt{x}}-\dfrac{1}{2x\sqrt{x}}$;

(8) $y'=x\cos x$;

(9) $y' = a^x(1 + x\ln a) + \dfrac{1 - 2x\arctan x}{(1 + x^2)^2}$;

(10) $y' = a^2 x^{a^2-1} + a^x \ln a$.

2. $f'(0) = 1000!$.

3. $\pm\sqrt{3}$.

4. (1) $y' = 3^{\sin x}\cos x\ln 3$;

(2) $y' = -\dfrac{3}{x^2}e^{\tan^3\frac{1}{x}}\tan^2\dfrac{1}{x}\sec^2\dfrac{1}{x}$;

(3) $y' = \dfrac{-1}{\sqrt{x - 4x^2}}$;

(4) $y' = \dfrac{3\sqrt[3]{x^2} + 1}{9\sqrt[3]{[x(x + \sqrt[3]{x})]^2}}$;

(5) $y' = 2x\arctan\dfrac{1 + x}{1 - x} + 1$;

(6) $y' = \dfrac{4}{x} - \dfrac{1}{2(x + 1)}$;

(7) $y' = \dfrac{2(1 + x\tan x)\ln(x\sec x)}{x}$;

(8) $y' = \dfrac{\sin 2x\sin x^2 - 2x\sin^2 x\cos x^2}{\sin^2 x^2}$;

(9) $y' = \cos 8x$.

5. $\dfrac{dy}{dx} = \dfrac{2(e^{2x} - xy)}{x^2 - \cos y}$.

6. $\left.\dfrac{dy}{dx}\right|_{x=0} = \dfrac{1}{2}$.

7. $y' = \dfrac{1}{3}\sqrt[3]{\dfrac{(1 - x)(2x + 3)}{(1 + x)^2}}\left(\dfrac{1}{x - 1} + \dfrac{2}{2x + 3} - \dfrac{2}{1 + x}\right)$.

8. $\left.\dfrac{dy}{dx}\right|_{t=0} = \left.\dfrac{e^y\cos t}{(2 - y)(6t + 2)}\right|_{t=0} = \dfrac{e}{2}$.

9. (1) $y'' = x(1 - x^2)^{-\frac{3}{2}}$;

(2) $y'' = \dfrac{-2\sin\ln x}{x}$;

(3) $y'' = -\dfrac{3}{x^2} + \dfrac{x^2 - 1}{(x^2 + 1)^2}$;

(4) $y'' = \dfrac{-2x}{(1 + x^2)^2}$.

二、

1. $y = -x$ 或 $y = -\dfrac{x}{25}$

2. 切点为$(-1, 1)$，$(3, 5)$　　方程为$y-9x-10=0$或$y-9x+22=0$.

3. $\frac{\mathrm{d}y}{\mathrm{d}x}=\frac{1}{3(t^2-1)(t+1)}$，切点 $(1, 0)$，$k_{切}=-\frac{1}{3}$，$k_{法}=3$，法线方程为 $y=3(x-1)$.

4. $V'(t)=4\pi R^2 v$.

三、

证明：设 (x_0, y_0) 是曲线$\sqrt{x}+\sqrt{y}=1$上任一点，$y'=-\sqrt{\frac{y}{x}}$，切线方程为 $y-y_0=-\sqrt{\frac{y_0}{x_0}}(x-x_0)$，在$x$轴和$y$轴上的截距分别为$x_0+\sqrt{x_0y_0}$，$y_0+\sqrt{x_0y_0}$，截距之和$x_0+\sqrt{x_0y_0}+y_0+\sqrt{x_0y_0}=(\sqrt{x_0}+\sqrt{y_0})^2=1$.

第三节　微　分

一、问题提出

对函数$y=f(x)$，如何求函数改变量$\Delta y=f(x+\Delta x)-f(x)$的近似值?

人们发现线性函数$y=Ax+B$的函数改变量$\Delta y=A\Delta x$易求，从而想到把一般函数$y=f(x)$转化为线性函数$y=Ax+B$，用线性函数的函数改变量$A\Delta x$近似一般函数的函数改变量Δy.

二、微分的定义

定义 1　设函数$y=f(x)$在点x_0处的某个邻域内有定义，A是一个常数，如果函数$y=f(x)$在点x_0处的改变量$\Delta y=f(x_0+\Delta x)-f(x_0)$，可以表示成$\Delta y=A\Delta x+o(\Delta x)$，其中$o(\Delta x)$是比$\Delta x(\Delta x\to 0)$高阶的无穷小，则称函数$y=f(x)$在点$x_0$处可微，且称$A\Delta x$为函数$y=f(x)$在点$x_0$处关于$\Delta x$的微分，记为

dy，即 $dy = A\Delta x$.

【注】由定义可知微分 $dy = A\Delta x$ 是函数改变量 Δy 的近似值，即 $\Delta y \approx dy$，误差是比 Δx 高阶的无穷小量．又 $A\Delta x$ 是线性函数，从而称 $dy = A\Delta x$ 为 Δy 的线性主部．

三、可导与可微的关系

定理 1　函数 $y = f(x)$ 在点 x_0 处可微$\Leftrightarrow$函数 $y = f(x)$ 在点 x_0 处可导，且 $dy = f'(x_0)\Delta x$.

证明：

"$\Rightarrow$" 因为函数 $y = f(x)$ 在点 x_0 处可微，所以 $\Delta y = A\Delta x + o(\Delta x)$，即

$\dfrac{\Delta y}{\Delta x} = A + \dfrac{o(\Delta x)}{\Delta x}$，则 $f'(x_0) = \lim\limits_{\Delta x \to 0} \dfrac{\Delta y}{\Delta x} = \lim\limits_{\Delta x \to 0}\left[A + \dfrac{o(\Delta x)}{\Delta x}\right] = A$，

且 $dy = f'(x_0)\Delta x$．

"$\Leftarrow$" 因为函数 $y = f(x)$ 在点 x_0 处可导，所以 $f'(x_0) = \lim\limits_{\Delta x \to 0} \dfrac{\Delta y}{\Delta x}$，

则 $\dfrac{\Delta y}{\Delta x} = f'(x_0) + \alpha \Rightarrow \Delta y = f'(x_0)\Delta x + o(\Delta x)$，从而函数 $y=f(x)$ 在点 x_0 处可微且 $dy = f'(x_0)\Delta x$.

推论 1　$dx = \Delta x$，从而 $dy = f'(x_0)dx$．

证明： 对函数 $y = x$，$dx = dy = 1 \cdot \Delta x \Rightarrow dx = \Delta x$，进而有 $dy = f'(x_0)dx$.

定义 2　若函数 $y = f(x)$ 在区间 I 内每一点处都可微，则称函数 $y = f(x)$ 在区间 I 内可微，且称 $dy = f'(x)dx$ 为函数 $y = f(x)$ 的微分．

【注】会求导数就会求微分，微分 dy 就是导数 $f'(x)$ 乘以 dx. 导数 $f'(x) = \dfrac{dy}{dx}$ 又称为微商，即函数微分与自变量微分之商就是导数．

例 1　求证函数 $y = x^2$ 在任一点 x 处可微．

证明： 对自变量在点 x 处的改变量 Δx，

$\Delta y = f(x + \Delta x) - f(x) = (x + \Delta x)^2 - x^2 = 2x\Delta x + (\Delta x)^2$.

因为$\lim\limits_{\Delta x\to 0}\dfrac{(\Delta x)^2}{\Delta x}=\lim\limits_{\Delta x\to 0}\Delta x=0$，所以$(\Delta x)^2=o(\Delta x)$，

则 $\Delta y=A\Delta x+o(\Delta x)$，其中 $A=2x$.

由微分定义知，函数 $y=x^2$ 在任一点 x 处可微，且 $\mathrm{d}y=2x\cdot\Delta x$.

例 2 设 $y=e^{x^2+3x}$,求 dy 和 $\mathrm{d}y\Big|_{x=0}$.

解：因为 $y'=(2x+3)e^{x^2+3x}$

所以 $\mathrm{d}y=(2x+3)e^{x^2+3x}\mathrm{d}x$

$\mathrm{d}y\Big|_{x=0}=3\mathrm{d}x$.

四、微分的几何意义

如图所示，当 Δy 是曲线的纵坐标改变量时，dy 就是切线纵坐标对应的改变量．当$|\Delta x|$很小时，在点 M 的附近切线段 MP 可近似代替曲线 MN，dy 可近似代替 Δy.

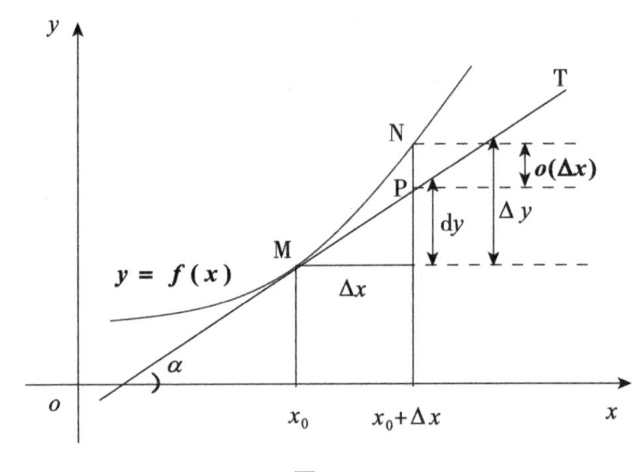

图 2-2

五、微分表与微分运算法则

1. 微分表

表 2.1 给出了基本初等函数的求导公式及微分公式 .

表 2.1　求导与微分公式

求导公式		微分公式	
基本初等函数求导公式	$c' = 0$　（c 为常数）,	基本初等函数微分公式	$\mathrm{d}c = 0$　（c 为常数）,
	$(x^{\mu})' = \mu x^{\mu-1}$　（μ 为实数）,		$\mathrm{d}(x^{\mu}) = \mu x^{\mu-1}\mathrm{d}x$　（μ 为实数）,
	$(a^x)' = a^x \ln a$,		$\mathrm{d}(a^x) = a^x \ln a\mathrm{d}x$,
	$(\mathrm{e}^x)' = \mathrm{e}^x$,		$\mathrm{d}(\mathrm{e}^x) = \mathrm{e}^x\mathrm{d}x$,
	$(\log_a x)' = \frac{1}{x\ln a}$,		$\mathrm{d}(\log_a x) = \frac{1}{x\ln a}\mathrm{d}x$,
	$(\ln x)' = \frac{1}{x}$,		$\mathrm{d}(\ln x) = \frac{1}{x}\mathrm{d}x$,
	$(\sin x)' = \cos x$,		$\mathrm{d}(\sin x) = \cos x\mathrm{d}x$,
	$(\cos x)' = -\sin x$,		$\mathrm{d}(\cos x) = -\sin x\mathrm{d}x$,
	$(\tan x)' = \sec^2 x\mathrm{d}x$,		$\mathrm{d}(\tan x) = \sec^2 x\mathrm{d}x$,
	$(\cot x)' = -\csc^2 x$,		$\mathrm{d}(\cot x) = -\csc^2 x\mathrm{d}x$,
	$(\sec x)' = \sec x\tan x$,		$\mathrm{d}(\sec x) = \sec x\tan x\mathrm{d}x$,
	$(\csc x)' = -\csc x\cot x$,		$\mathrm{d}(\csc x) = -\csc x\cot x\mathrm{d}x$,
	$(\arcsin x)' = \frac{1}{\sqrt{1-x^2}}$,		$\mathrm{d}(\arcsin x) = \frac{1}{\sqrt{1-x^2}}\mathrm{d}x$,
	$(\arccos x)' = -\frac{1}{\sqrt{1-x^2}}$,		$\mathrm{d}(\arccos x) = -\frac{1}{\sqrt{1-x^2}}\mathrm{d}x$,
	$(\arctan x)' = \frac{1}{1+x^2}$,		$\mathrm{d}(\arctan x) = \frac{1}{1+x^2}\mathrm{d}x$,
	$(\mathrm{arccot}\, x)' = -\frac{1}{1+x^2}$.		$\mathrm{d}(\mathrm{arccot}\, x) = -\frac{1}{1+x^2}\mathrm{d}x$.

2. 微分法则

求导法则，微分法则见下表 2. 2

表 2. 2　求导与微分法则表

<table>
<tr><th colspan="2">求导法则</th><th colspan="2">微分法则</th></tr>
<tr><td rowspan="3">函数的四则运算求导法则</td><td>$[u(x)\pm v(x)]'=u'(x)\pm v'(x).$</td><td rowspan="3">函数的四则运算微分法则</td><td>$d[u(x)\pm v(x)]=du(x)\pm dv(x)$</td></tr>
<tr><td>$[u(x)v(x)]'=u'(x)v(x)+u(x)v'(x).$
$[cu(x)]'=cu'(x)$ (c 为常数).</td><td>$d[u(x)v(x)]=v(x)du(x)+u(x)dv(x).$
$d[cu(x)]=cdu(x)$ (c 为常数).</td></tr>
<tr><td>$[\frac{u(x)}{v(x)}]'=\frac{u'(x)v(x)-u(x)v'(x)}{v^2(x)}$
$(v(x)\neq 0)$
$[\frac{1}{v(x)}]'=-\frac{v'(x)}{v^2(x)}$ $(v(x)\neq 0).$</td><td>$d[\frac{u(x)}{v(x)}]=\frac{v(x)du(x)-u(x)dv(x)}{v^2(x)}$
$(v(x)\neq 0)$
$d[\frac{1}{v(x)}]=-\frac{dv(x)}{v^2(x)}(v(x)\neq 0).$</td></tr>
<tr><td>复合函数求导法则</td><td>设 $y=f(u)$，$u=\varphi(x)$，
则复合函数 $y=f[\varphi(x)]$ 的导数为
$\frac{dy}{dx}=\frac{dy}{du}\frac{du}{dx}$</td><td>复合函数微分法则</td><td>设函数 $y=f(u)$，$u=\varphi(x)$，
则函数 $y=f(u)$ 的微分为 $dy=f'(u)du$，
此式又称为一阶微分形式不变性</td></tr>
<tr><td>参数方程确定的函数的导数</td><td colspan="3">若参数方程 $\begin{cases}x=\varphi(t)\\y=\psi(t)\end{cases}$ 确定了 y 是 x 的函数，则 $\frac{dy}{dx}=\frac{\frac{dy}{dt}}{\frac{dx}{dt}}$ 或 $\frac{dy}{dx}=\frac{\psi'(t)}{\varphi'(t)}.$</td></tr>
<tr><td>反函数求导法则</td><td colspan="3">设 $y=f(x)$ 的反函数为 $x=\varphi(y)$，则 $f'(x)=\frac{1}{\varphi'(y)}(\varphi'(y)\neq 0)$ 或 $\frac{dy}{dx}=\frac{1}{\frac{dx}{dy}}.$</td></tr>
</table>

六、微分近似公式

1. 微分进行近似计算的理论依据

对于函数 $y=f(x)$，若在点 x_0 处可导且导数 $f'(x_0)\neq 0$，则当 $|\Delta x|$ 很小时，有函数的增量近似等于函数的微分，即有近似公式 $\Delta y\approx \mathrm{d}y$.

2. 微分进行近似计算的公式

设函数 $y=f(x)$ 在点 x_0 处可导且导数 $f'(x_0)\neq 0$，当 $|\Delta x|$ 很小时，有近似公式 $\Delta y\approx \mathrm{d}y$，即

$$f(x_0+\Delta x)-f(x_0)\approx f'(x_0)\Delta x,$$

$$f(x_0+\Delta x)\approx f(x_0)+f'(x_0)\Delta x,$$

令 $x_0+\Delta x=x$，则

$$f(x)\approx f(x_0)+f'(x_0)(x-x_0).$$

特别地，当 $x_0=0$，$|x|$ 很小时，有

$$f(x)\approx f(0)+f'(0)x.$$

例 3　求函数 $y=x\mathrm{e}^{\ln\tan x}$ 的微分.

解：由微分的定义 $\mathrm{d}y=f'(x)\mathrm{d}x$，有

$$\mathrm{d}y=(x\mathrm{e}^{\ln\tan x})'\mathrm{d}x=(\mathrm{e}^{\ln\tan x}+x\mathrm{e}^{\ln\tan x}\frac{1}{\tan x}\sec^2 x)\mathrm{d}x$$

$$=\mathrm{e}^{\ln\tan x}(1+\frac{2x}{\sin 2x})\mathrm{d}x.$$

例 4　求 $\sin 29^\circ$ 的近似值.

解　设 $f(x)=\sin x$，由近似公式 $f(x_0+\Delta x)\approx f(x_0)+f'(x_0)\Delta x$，

得 $\sin(x_0+\Delta x)\approx \sin x_0+\cos x_0\cdot\Delta x$，

取 $x_0=\frac{\pi}{6}$，$\Delta x=-\frac{\pi}{180}$，则有 $\sin 29^\circ\approx\frac{1}{2}+\frac{\sqrt{3}}{2}(-\frac{\pi}{180})=0.4849.$

例 5　有一批半径为 1cm 的球，为减少表面粗糙度，要镀上一层铜，厚度为

0.01cm，估计每只球需要用铜多少克？（铜的密度为 8.9g/cm^3）

解：所镀铜的体积为球半径从 1 cm 增加 0.01cm 时，球体的增量．故由 $v=\frac{4}{3}\pi r^3$ 知，所镀铜的体积为 $\Delta v\approx \mathrm{d}v=(\frac{4}{3}\pi r^3)'|_{r=1}\cdot\Delta r=4\pi\times 0.01=0.04\pi$，质量为 $m=0.04\pi\cdot 8.9\approx 1.2\text{g}$．

【**注**】利用公式 $f(x_0+\Delta x)\approx f(x_0)+f'(x_0)\Delta x$ 计算函数近似值时，关键是选取函数 $f(x)$ 的形式及正确选取 x_0，Δx．一般要求 $f(x_0)$，$f'(x_0)$ 便于计算，$|\Delta x|$ 越小，计算出函数的近似值与精确值越接近．另外，在计算三角函数的近似值时，Δx 必须换成弧度．

七、学法建议

1. 本节重点为理解微分的概念及其几何意义，掌握求微分的方法．

2. 要正确理解导数与微分的概念，弄清各概念之间的区别与联系．可导与可微是等价的．这里等价的含义是：函数在某点 x 处可导必定得出在该点可微，反之，函数在某点 x 处可微，必能推出在该点可导．但并不意味着可导与可微是同一概念．导数是函数改变量 Δy 与自变量改变量 Δx 之比的极限 $\lim\limits_{\Delta x\to 0}\frac{\Delta y}{\Delta x}=f'(x)$，微分是函数增量 $\Delta y=\mathrm{d}y+o(\Delta x)=A\cdot\Delta x+o(\Delta x)$ 的线性主部，在概念上两者有着本质的区别．

3. 会求导数就会求微分，$\frac{\mathrm{d}y}{\mathrm{d}x}=y'$，从而导数又称为微商．

4. 用微分近似计算求某个量的改变量，解决这类问题的关键是选择合适的函数关系 $y=f(x)$，正确选取 x_0 及 Δx，切莫用中学数学方法求问题的准确值，否则是不符合题意的．

习题 2-3

一、填空

1. d(　　) = $\frac{1}{x}$dx;　　2. d(　　) = e^{3x}dx;

3. d(　　) = $\frac{1}{\sqrt{1-x^2}}$ dx;　　4. d(　　) = sec2 x tan 2xdx;

5. d(　　) = cos xdx;　　6. d(　　) = $\sec^2 x$dx.

二、计算题

1. 求下列函数的微分:

(1) $y = \frac{\cos x}{1-x^2}$;　　(2) $y = \ln \ln^3 \ln 2x$.

2. 设 $y = x^2 \ln x^2 - \cos x$，求 $dy|_{x=1}$.

3. 设$f(x)$ 可微, $y=f(\sin x) - \sin f(x)$，求 dy.

4. 设 $y^3 = x^2 + xy + y^2$, 求 dy.

三、应用题.

1. 求 ln0. 98 的近似值.

2. 求 arctan1. 02 的近似值.

3. 计算圆面积时，如果要求面积的相对误差不得大于 1%，问测量圆的直径时有多大的相对误差?

习题 2-3 答案与提示

一、

1. $d(\ln x) = \frac{1}{x}dx$;　　2. $d\left(\frac{1}{3}e^{3x}\right) = e^{3x}dx$;

3. $d(\arcsin x) = \frac{1}{\sqrt{1-x^2}}dx$;　　4. $d\left(\frac{1}{2}\sec 2x\right) = \sec 2x\tan 2x dx$

5. $d(\sin x) = \cos x dx$;　　6. $d(\tan x) = \sec^2 x dx$.

二、

1. (1) $dy=\frac{-(1-x^2)\sin x+2x\cos x}{(1-x^2)^2}dx$;

(2) $dy=\frac{3}{x\ln(2x)\ln(\ln 2x)}dx$.

2. $dy|_{x=1}=(2x\ln x^2+2x+\sin x)dx|_{x=1}=(2+\sin 1)dx$.

3. $dy=(f'(\sin x)\cos x-\cos f(x)f'(x))dx$.

4. $dy=\frac{2x+y}{3y^2-x-2y}dx$.

三、

1. $\ln 0.98\approx -0.02$.　　2. $\arctan 1.02\approx 0.795$.　　3. 0.5%.

总复习题二

一、单项选择

1. $\frac{d(\ln x)}{d\sqrt{x}}=$(　　);

A $\frac{2}{x}$　B $\frac{2}{\sqrt{x}}$　C $\frac{2}{x\sqrt{x}}$　D $\frac{1}{2x\sqrt{x}}$

2. 设 $f(x)=\cos x$，则 $f^{(1002)}(x)=$(　　);

A $\sin x$　B $\cos x$　C $-\sin x$　D $-\cos x$

3. 某物体按规律 $S(t)=3t-t^2$ 作直线运动，则速度为零的时刻是（　　）;

A $t=0$　B $t=\frac{1}{2}$　C $t=\frac{3}{2}$　D $t=3$

4. 曲线 $y=\frac{1}{\sqrt[3]{x^2}}$ 在 $x=1$ 处的切线方程是(　　);

A $3y-2x=5$　B $-3y+2x=5$　C $3y+2x=5$　D $3y-2x=-5$

5. 设 $f(x)=\begin{cases}x & x<0\\ \ln(1+x) & x\geq 0\end{cases}$，则 $f(x)$ 在 $x=0$ 处(　　).

A　可导　　B　连续，但不可导　　C　不连续　　D　无定义

二、填空题

1. 设$f(x)=\begin{cases} x^2 & x<0 \\ x & x\geq 0 \end{cases}$，则$f'(0)=$____.

2. 设$f'(x_0)=k$，则$\lim\limits_{\Delta x\to 0}\dfrac{f(x_0)-f(x_0-\Delta x)}{\Delta x}=$____.

3. 过曲线$y=f(x)$上点$(2,\dfrac{1}{2})$的法线方程为$y-\dfrac{1}{2}=-\dfrac{1}{3}(x-2)$，则$f'(2)=$____.

4. 设$y=f(\ln^2 x)$，且f可导，则$\dfrac{dy}{dx}=$____.

5. 设$f(x)=(x-2)^2(x+1)(x-1)$，则$f'(1)=$____.

6. 设$y=\ln\tan\sqrt{x}$，则$dy=$____.

7. 设$y=x\ln x$，则$y''=$____.

8. 经过点(2，0)且与双曲线$y=\dfrac{1}{x}$相切的直线方程为____.

三、计算题

1. 求下列函数的导数：

(1) $y=3x^2-2\cos x+3^x-\ln 2$；　　(2) $y=e^{\sin^2 x}$；

(3) $y=x\operatorname{arccot}\dfrac{x}{3}$；　　(4) $y=\arccos\dfrac{1}{x}$；

(5) $y=x\sqrt{1-x^2}+\arcsin x$.

2. 求由下列方程确定的y是x的函数的导数：

(1) $y=x+\ln y$；　　(2) $e^x\sin y-e^{-y}\sin x=0$.

3. 求下列函数的导数：

(1) $y=(2x)^{1-x}$；　　(2) $y=x^{\sin x}$.

4. 求下列参数方程所确定函数的导数$\dfrac{dy}{dx}$：

(1) 设$\begin{cases} x=a(t-\sin t) \\ y=a(1-\cos t) \end{cases}$；　　(2) 设$\begin{cases} x=\ln(1+t^2) \\ y=t-\arctan t \end{cases}$.

5. 求下列函数的二阶导数：

(1)$y=(1+x^2)\arctan x$；　　(2)$xy+e^y=1$.

四、应用题与证明题

1. 设曲线 $y=x^3+ax$ 与 $y=bx^2+c$ 在点$(-1, 0)$相切，求 a，b，c.

2. 注水入深 8m 上顶直径 8m 的正圆锥形容器中，其速率为 $4m^3/min$. 当水深为 5m 时，其表面上升的速率为多少？

3. 验证函数 $y=e^x\sin x$ 满足关系式 $y''-2y'+2y=0$.

总复习题二答案与提示

一、

1. B.　　2. D.　　3. C.　　4. C.　　5. A.

二、

1. 不存在.　　2. k.　　3. 3.　　4. $\dfrac{2\ln x}{x}f'(\ln^2 x)$.

5. 2.　　6. $\dfrac{dx}{\sqrt{x}\sin 2\sqrt{x}}$.　　7. $\dfrac{1}{x}$.　　8. $x+y-2=0$.

三、

1. (1) $y'=6x+2\sin x+3^x\ln 3$.　　(2)$y'=\sin 2x e^{\sin^2 x}$.

(3)$y'=\operatorname{arccot}\dfrac{x}{3}-\dfrac{3x}{9+x^2}$.　　(4)$y'=\dfrac{|x|}{x^2\sqrt{x^2-1}}$.

(5)$y'=2\sqrt{1-x^2}$.

2. (1)$y'=\dfrac{y}{y-1}$.　　(2)$y'=\dfrac{e^{-y}\cos x-e^x\sin y}{e^x\cos y+e^{-y}\cos x}$.

3. (1)$y'=(2x)^{1-x}\left(\dfrac{1-x}{x}-\ln 2-\ln x\right)$　　(2)$y'=x^{\sin x}\left(\cos x\ln x+\dfrac{\sin x}{x}\right)$

4. (1) $\dfrac{dy}{dx}=\dfrac{\sin t}{1-\cos t}$　　(2) $\dfrac{dy}{dx}=\dfrac{t}{2}$

5. (1) $y'' = 2\left(\frac{x}{1+x^2} + \arctan x\right)$.　　(2) $y'' = \frac{2xy - e^y(y^2 - 2y)}{(x + e^y)^3}$.

四、

1. $a = -1$，$b = -1$，$c = 1$.　　2. $\frac{16}{25\pi}$.　　3. 直接验证即可.

第三章　中值定理与导数的应用

本章学习提要

• 本章主要概念有：函数的单调性，曲线的凹凸性，拐点，函数的极值，最大值和最小值；

• 本章主要定理有：中值定理，洛必达法则，单调区间与极值判定定理，凹凸区间与拐点判定定理；

• 本章主要方法有：函数单调区间的判定，求函数的极值和最值，曲线凹凸区间和拐点的确定及函数图形的描绘．

引　言

马克思主义哲学原理中提道：理论来源于实践，理论形成后应接受实践的检验，并指导实践，为实践服务．导数理论起源于实际问题（已知距离和时间的关系，求瞬时速度；已知曲线求切线斜率），导数理论形成后又如何利用这一理论解决实际问题呢？导数是利用极限来定义的，那么导数理论又会对求极限有何帮助呢？联系导数理论与实践的纽带又是什么呢？这就是本章要解决的主要问题．

第一节　微分中值定理

一、罗尔（Rolle）定理

定理 1　设函数 $y = f(x)$ 在 $[a, b]$ 上连续，在 (a, b) 上可导，且 $f(a) = f(b)$，则至少有一点 $\zeta \in (a, b)$，使得 $f'(\zeta) = 0$.

证明：因为函数 $f(x)$ 在 $[a, b]$ 上连续，所以它在 $[a, b]$ 上必能取得最大值 M 和最小值 m.

若 $M = m$，则 $f(x) = m$，此时对 $\forall \zeta \in (a, b)$，都有 $f'(\zeta) = 0$.

若 $m < M$，因 $f(a) = f(b)$，则 M 与 m 中至少有一个不等于端点的函数值 $f(a)$，不妨设 $M \neq f(a)$，即 $\exists \zeta \in (a, b)$，使 $f(\zeta) = M$.

下面证明 $f'(\zeta) = 0$.

当 $\Delta x > 0$ 时有 $\dfrac{f(\zeta + \Delta x) - f(\zeta)}{\Delta x} \leq 0$，

由 $f'(\zeta)$ 的存在及极限的保号性可知：

$$f'(\zeta) = \lim_{\Delta x \to 0^+} \frac{f(\zeta + \Delta x) - f(\zeta)}{\Delta x} \leq 0.$$

当 $\Delta x < 0$ 时有 $\dfrac{f(\zeta + \Delta x) - f(\zeta)}{\Delta x} \geq 0$，

于是 $f'(\zeta) = \lim\limits_{\Delta x \to 0^-} \dfrac{f(\zeta + \Delta x) - f(\zeta)}{\Delta x} \geq 0$.

因此 $f'(\zeta) = 0$.

罗尔定理的几何意义

如果连续光滑曲线 L：$y = f(x)$ 的两个端点 A 和 B 等高，则在 L 上必有一点 $C(\zeta, f(\zeta))$，曲线在 C 点的切线平行于 x 轴（如图 3 - 1）.

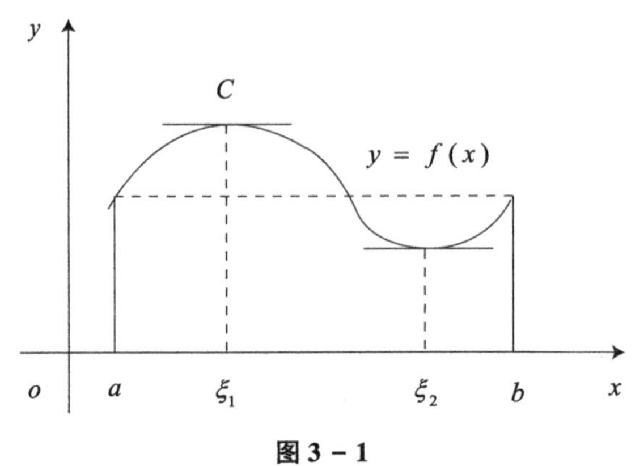

图 3－1

【注】定理中的 ζ 可能不唯一.

例 1　已知函数 $f(x)=x^2-2x-3$ 在区间 $[-1, 3]$ 上满足罗尔定理的条件，则定理结论中的 $\zeta=$ ____.

解：$f'(x)=2x-2$，令 $f'(\zeta)=0$，解得 $\zeta=1$.

例 2　验证罗尔定理对函数 $y=\ln\sin x$ 在区间 $[\frac{\pi}{6}, \frac{5\pi}{6}]$ 上的正确性.

解：$y=\ln\sin x$ 是初等函数 且在 $[\frac{\pi}{6}, \frac{5\pi}{6}]$ 上有定义.

由初等函数连续性可知 $y=\ln\sin x$ 在 $[\frac{\pi}{6}, \frac{5\pi}{6}]$ 上连续.

又 $y'=\cot x$ 且 $f(\frac{\pi}{6})=f(\frac{5\pi}{6})=\ln\frac{1}{2}$，所以 $y=\ln\sin x$ 满足罗尔定理条件.

令 $\cot x=0$ 得 $x=\frac{\pi}{2}\in(\frac{\pi}{6}, \frac{5\pi}{6})$.

取 $\zeta=\frac{\pi}{2}$. 显然 $\frac{\pi}{6}<\zeta<\frac{5\pi}{6}$，说明满足罗尔定理结论的 ζ 存在.

例 3　求证：方程 $(x-1)(x-2)(x-3)+x(x-2)(x-3)+x(x-1)(x-3)+x(x-1)(x-2)=0$ 恰有三个实根.

证明：令 $f(x)=x(x-1)(x-2)(x-3)$，则原方程为 $f'(x)=0$.

因为 $f(x)$ 在 $[0, 1]$ 上连续，在 $(0, 1)$ 上可导，且 $f(0)=f(1)=0$.

由罗尔定理：$\exists\zeta_1\in(0, 1)$ 使 $f'(\zeta_1)=0$.

同理，$\exists \zeta_2 \in (1, 2)$，$\zeta_3 \in (2, 3)$ 使 $f'(\zeta_2) = f'(\zeta_3) = 0$.

即 ζ_1，ζ_2，ζ_3 都是原方程的实根，又三次方程至多有三个实根，所以原方程恰有三个实根.

此例还可使用零点存在定理证明.

二、拉格朗日(Lagrange)中值定理

定理 2　设函数 $f(x)$ 在 $[a, b]$ 上连续，在 (a, b) 上可导，则至少有一点 $\zeta \in (a, b)$，使 $f(b) - f(a) = f'(\zeta)(b - a)$.

证明：令 $F(x) = f(x) - f(a) - \dfrac{f(b) - f(a)}{b - a}(x - a)$.

则 $F(x)$ 在 $[a, b]$ 上连续，在 (a, b) 上可导，且 $F(a) = F(b) = 0$.

由罗尔定理：$\exists \zeta \in (a, b)$，使 $F'(\zeta) = 0$.

即 $f'(\zeta) - \dfrac{f(b) - f(a)}{b - a} = 0$，

所以 $f(b) - f(a) = f'(\zeta)(b - a)$.

【注】

(1) 构造性证明法是数学中常用的一种方法，学习过程中要注意观察积累.

(2) 拉格朗日中值定理的重要性就在于它把导数与函数值的差用等号连接，为用导数研究函数问题提供了一个等量关系.

(3) 遇到导数与函数值的差之间关系的问题应先考虑用中值定理.

拉格朗日中值定理的几何意义：

把 $f(b) - f(a) = f'(\zeta)(b - a)$ 改写为 $\dfrac{f(b) - f(a)}{b - a} = f'(\zeta)$，再由导数的几何意义可知：对连续光滑曲线 L：$y = f(x)$，$x \in (a, b)$.

在 L 上至少有一点 $C(\zeta, f(\zeta))$，曲线 L 在 C 点的切线平行于 L 的两个端点 $A(a, f(a))$，$B(b, f(b))$ 的连线 AB(如图 3 - 2).

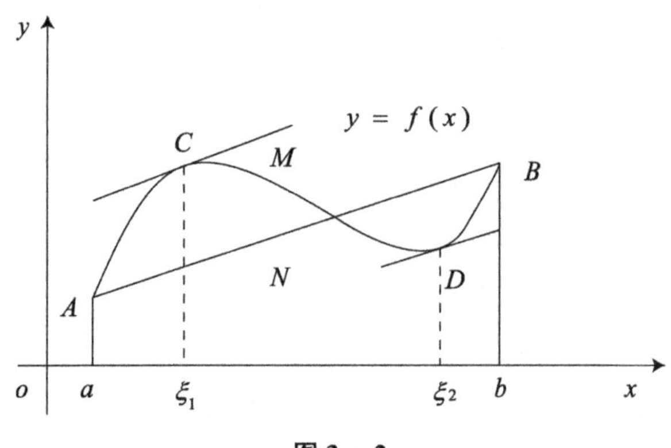

图 3－2

推论 1　如果函数$f(x)$在区间(a, b)内任意一点的导数$f'(x)$都等于0，则函数$f(x)$在(a, b)内是一个常数．

证明：对 $\forall x_1 < x_2 \in (a, b)$，因为$f(x)$在$(a, b)$内可导

所以$f(x)$在$[x_1, x_2]$上连续，在(x_1, x_2)上可导，

由拉格朗日中值定理：$\exists \zeta \in (x_1, x_2)$使得$f(x_2)-f(x_1)=f'(\zeta)(x_2-x_1)$.

又$f'(\zeta)=0$，则$f(x_2)-f(x_1)=0$.

所以$f(x)$在区间(a, b)内是一常数．

推论 2　如果函数$f(x)$与$g(x)$在区间(a, b)内每一点的导数$f'(x)$与$g'(x)$都相等，则这两个函数在区间(a, b)内至多相差一个常数．

证明：因为$f'(x)=g'(x)$，所以$[f(x)-g(x)]'=f'(x)-g'(x)=0$，$x \in (a, b)$.

由推论 1 可知$f(x)-g(x)=c$.

例 4　已知$f(x)=\ln x$在$[1, \mathrm{e}]$上满足拉格朗日中值定理条件，则定理结论中的$\zeta=$________.

解：$f'(x)=\dfrac{1}{x}$，$f'(\zeta)=\dfrac{1}{\zeta}$.

解方程$\dfrac{f(\mathrm{e})-f(1)}{\mathrm{e}-1}=\dfrac{1}{\zeta}$，得$\zeta=\mathrm{e}-1$.

例 5　证明不等式 $\arctan x_2-\arctan x_1 \leq x_2-x_1 \quad (x_1<x_2)$.

证明：设$f(x)=\arctan x$

$f(x)$在$[x_1, x_2]$上满足拉格朗日中值定理的条件．

因此有 $\arctan x_2 - \arctan x_1 = \dfrac{1}{1+\zeta^2}(x_2 - x_1)$，$\zeta \in (x_1, x_2)$.

因为$\dfrac{1}{1+\zeta^2} \leq 1$，所以可得 $\arctan x_2 - \arctan x_1 \leq x_2 - x_1$.

例 6　求证：$-1 < x < 1$ 时，$\arcsin x + \arccos x = \dfrac{\pi}{2}$.

证明：因为$(\arcsin x + \arccos x)' = \dfrac{1}{\sqrt{1-x^2}} + \dfrac{-1}{\sqrt{1-x^2}} = 0$

所以 $\arcsin x + \arccos x = c$，$x \in (-1, 1)$.

取 $x = 0$ 得 $c = \arcsin 0 + \arccos 0 = \dfrac{\pi}{2}$，从而 $\arcsin x + \arccos x = \dfrac{\pi}{2}$.

例 7　求证当 $x > 0$ 时，$\dfrac{x}{1+x} < \ln(1+x) < x$.

证明　设$f(t)=\ln(1+t)$，显然$f(t)$在区间$[0, x]$上满足拉格朗日中值定理的条件，根据拉格朗日中值定理，应有

$f(x) - f(0) = f'(\zeta)(x-0)$，$0 < \zeta < x$.

由于$f(0) = 0$，$f'(t) = \dfrac{1}{1+t}$，因此上式即为 $\ln(1+x) = \dfrac{x}{1+\zeta}$.

又由 $0 < \zeta < x$，有$\dfrac{x}{1+x} < \dfrac{x}{1+\zeta} < x$，即$\dfrac{x}{1+x} < \ln(1+x) < x (x > 0)$.

三、柯西(Cauchy)定理

定理 3　设函数$f(x)$和$g(x)$都在$[a, b]$上连续，在(a, b)上可导，且$g'(x) \neq 0 (\forall x \in (a, b))$，则至少有一点$\zeta \in (a, b)$使得$\dfrac{f(b)-f(a)}{g(b)-g(a)} = \dfrac{f'(\zeta)}{g'(\zeta)}$.
读者可考虑采用构造性证明法证明柯西定理，柯西定理在下节的洛必达法则证明中要用.

柯西定理、拉格朗日中值定理和罗尔定理之间的关系：

(1) 当 $g(x) = x$ 时，由柯西定理就得到拉格朗日中值定理；

(2) 当$f(a) = f(b)$时，由拉格朗日中值定理就得到罗尔定理.

所以柯西定理是拉格朗日中值定理的推广，拉格朗日中值定理是罗尔定理的推广．

四 、学法建议

1. 中值定理是导数应用的理论基础，一定要弄清它们的条件与结论．尽管定理中并没有指明 ζ 的确切位置，但它们在利用导数解决实际问题与研究函数的性态方面所起的作用仍十分重要．建议在学习过程中借助几何图形，知道几个中值定理的几何解释．

2. 会用中值定理证明相关问题．

习题 3 － 1

1. 在区间 $[-1, 1]$ 上满足罗尔定理条件的函数是(　　)．

A. $f(x)=\frac{1}{x^2}$　B. $f(x)=|x|$　C. $f(x)=1-x^2$　D. $f(x)=x^2-2x-1$

2. 设 a，b 是方程 $f(x)=0$ 的两个根，$f(x)$ 在 $[a, b]$ 上连续，(a, b) 内可导，则 $f'(x)=0$ 在 (a, b) 内(　　)．

A. 只有一个实根　　　B. 至少有一个实根

C. 没有实根　　　D. 至少有两个实根

3. 函数 $f(x)=x^3+2x$ 在区间 $[0, 1]$ 上满足拉格朗日中值定理条件，则定理结论中的 ζ 是(　　)．

A. $\pm\frac{1}{\sqrt{3}}$　　B. $\frac{1}{\sqrt{3}}$　　C. $-\frac{1}{\sqrt{3}}$　　D. $\frac{1}{\sqrt{2}}$

4. 证明：当 $x>0$ 时，有 $x>\sin x$．

习题 3 － 1 答案与提示

1. C.　2. B.　3. B.　4. 应用拉格朗日中值定理．

第二节　洛必达法则

在第一章中讨论了多种求极限的方法，见到了$\frac{0}{0}$型不定式，$\frac{\infty}{\infty}$型不定式，$0\cdot\infty$型不定式，$\infty-\infty$型不定式和1^{∞}型不定式，下面再介绍两个不定式：0^0型不定式和∞^0型不定式并给出求这七种不定式极限的方法——洛必达法则．

一、洛必达法则Ⅰ（$\frac{0}{0}$型不定式）

定理1　设函数$f(x)$与$g(x)$满足下列条件：

(1) $\lim\limits_{x\to x_0}f(x)=0$，$\lim\limits_{x\to x_0}g(x)=0$；

(2) 在点x_0的某个空心邻域中，$f'(x)$和$g'(x)$都存在，并且$g'(x)\neq 0$；

(3) $\lim\limits_{x\to x_0}\frac{f'(x)}{g'(x)}=A$（或$\infty$）．

则有$\lim\limits_{x\to x_0}\frac{f(x)}{g(x)}=\lim\limits_{x\to x_0}\frac{f'(x)}{g'(x)}=A$（或$\infty$）．

证明：为简单起见，只考虑当$\lim\limits_{x\to x_0}\frac{f(x)}{g(x)}=A$的情形，其中$A$为某个实数．令$f(x_0)=g(x_0)=0$，并在$x_0$的邻域中任取$x$，则函数$f(x)$和$g(x)$在区间$[x_0,x]$（或$[x,x_0]$）上满足柯西定理的所有条件．于是由柯西定理推出在区间(x,x_0)（或者(x_0,x)）上存在ζ，使得$\frac{f(x)}{g(x)}=\frac{f(x)-f(x_0)}{g(x)-g(x_0)}=\frac{f'(\zeta)}{g'(\zeta)}$.

当$x\to x_0$时，也有$\zeta\to x_0$，所以$\lim\limits_{x\to x_0}\frac{f(x)}{g(x)}=\lim\limits_{\zeta\to x_0}\frac{f'(\zeta)}{g'(\zeta)}=\lim\limits_{x\to x_0}\frac{f'(x)}{g'(x)}=A$.

【注】

(1) $\lim\limits_{x\to x_0}\frac{f'(x)}{g'(x)}$存在（或是$\infty$）是$\lim\limits_{x\to x_0}\frac{f(x)}{g(x)}$存在（或是$\infty$）的充分条件而不是必要条件，即如果$\lim\limits_{x\to x_0}\frac{f'(x)}{g'(x)}$不存在，不能立即断定$\lim\limits_{x\to x_0}\frac{f(x)}{g(x)}$不存在，还需用其他方

法判断这个极限是否存在 .

(2) $x \to x_0$ 改为 $x \to \infty$ 时洛必达法则 Ⅰ 仍成立 .

(3) 洛必达法则 Ⅰ 适用于$\dfrac{0}{0}$型不定式，且在定理条件满足的情况下，洛必达法则 Ⅰ 可以多次应用 .

例 1 求下列极限：

(1) $\lim\limits_{x \to 0} \dfrac{\sin ax}{\sin bx} (b \neq 0)$； (2)；$\lim\limits_{x \to 0} \dfrac{e^x + e^{-x} - 2}{x^2}$；

(3) $\lim\limits_{x \to 0} \dfrac{x - \sin x}{x^3}$； (4) $\lim\limits_{x \to +\infty} \dfrac{\dfrac{\pi}{2} - \arctan x}{\dfrac{1}{x}}$.

解：这四个极限都是$\dfrac{0}{0}$型不定式

(1) $\lim\limits_{x \to 0} \dfrac{\sin ax}{\sin bx} = \lim\limits_{x \to 0} \dfrac{a \cos ax}{b \cos bx} = \dfrac{a}{b}$.

(2) $\lim\limits_{x \to 0} \dfrac{e^x + e^{-x} - 2}{x^2} = \lim\limits_{x \to 0} \dfrac{e^x - e^{-x}}{2x} = \lim\limits_{x \to 0} \dfrac{e^x + e^{-x}}{2} = 1$.

(3) $\lim\limits_{x \to 0} \dfrac{x - \sin x}{x^3} = \lim\limits_{x \to 0} \dfrac{1 - \cos x}{3x^2} = \lim\limits_{x \to 0} \dfrac{\dfrac{1}{2}x^2}{3x^2} = \dfrac{1}{6}$.

(4) $\lim\limits_{x \to +\infty} \dfrac{\dfrac{\pi}{2} - \arctan x}{\dfrac{1}{x}} = \lim\limits_{x \to +\infty} \dfrac{-\dfrac{1}{1 + x^2}}{-\dfrac{1}{x^2}} = \lim\limits_{x \to +\infty} \dfrac{x^2}{1 + x^2} = 1$.

【注】

(1) 使用洛必达法则时分子分母分别求导，不要与商的导数混淆 .

(2) 洛必达法则与等价无穷小代换法联合应用求极限有时会有很好效果 .

二、洛必达法则 Ⅱ ($\dfrac{\infty}{\infty}$ 型不定式)

定理 2 设函数 $f(x)$，$g(x)$ 满足下列条件：

(1) $\lim\limits_{x\to x_0}f(x)=\lim\limits_{x\to x_0}g(x)=\infty$;

(2) 在 x_0 的某个空心邻域中，$f'(x)$ 和 $g'(x)$ 都存在，并且 $g'(x)\neq 0$;

(3) $\lim\limits_{x\to x_0}\dfrac{f'(x)}{g'(x)}=A$(或 ∞),

则有 $\lim\limits_{x\to x_0}\dfrac{f(x)}{g(x)}=\lim\limits_{x\to x_0}\dfrac{f'(x)}{g'(x)}=A$(或 ∞).

由于篇幅所限，略去这个定理的证明.

【注】 $x\to\infty$ 时此定理结论仍成立.

例 2　求下列极限:

(1) $\lim\limits_{x\to+\infty}\dfrac{\ln x}{x^n}(n>0)$;　　(2) $\lim\limits_{x\to+\infty}\dfrac{x^n}{e^{\lambda x}}(n$ 为正整数，$\lambda>0)$;

(3) $\lim\limits_{x\to\frac{\pi}{2}}\dfrac{\tan x}{\tan 3x}$.

解: 这三个极限都是 $\dfrac{\infty}{\infty}$ 型不定式

(1) $\lim\limits_{x\to+\infty}\dfrac{\ln x}{x^n}=\lim\limits_{x\to+\infty}\dfrac{\frac{1}{x}}{nx^{n-1}}=\lim\limits_{x\to+\infty}\dfrac{1}{nx^n}=0.$

(2) 相继应用洛必达法则 n 次，得

$$\lim_{x\to+\infty}\frac{x^n}{e^{\lambda x}}=\lim_{x\to+\infty}\frac{nx^{n-1}}{\lambda e^{\lambda x}}=\lim_{x\to+\infty}\frac{n(n-1)x^{n-2}}{\lambda^2e^{\lambda x}}=\cdots=\lim_{x\to+\infty}\frac{n!}{\lambda^n e^{\lambda x}}=0.$$

(3) $\lim\limits_{x\to\frac{\pi}{2}}\dfrac{\tan x}{\tan 3x}=\lim\limits_{x\to\frac{\pi}{2}}\dfrac{\sec^2 x}{3\sec^2 3x}\lim\limits_{x\to\frac{\pi}{2}}\dfrac{\cos^2 3x}{3\cos^2 x}$

$$=\lim_{x\to\frac{\pi}{2}}\frac{-6\sin 3x\cos 3x}{-6\sin x\cos x}=\lim_{x\to\frac{\pi}{2}}\frac{\sin 6x}{\sin 2x}=\lim_{x\to\frac{\pi}{2}}\frac{6\cos 6x}{2\cos 2x}=3.$$

【注】 对数函数 $\ln x$、幂函数 $x^n(n>0)$、指数函数 $e^{\lambda x}(\lambda>0)$ 均为当 $x\to+\infty$ 时的无穷大量，但从此例可以看出，这三个函数增大的“速度”是很不一样的，幂函数增大的“速度”比对数函数快得多，而指数函数增大的“速度”又比幂函数快得多.

三、其他不定式

$0\cdot\infty$ 型和 $\infty-\infty$ 型不定式可通过代数变形化成$\frac{0}{0}$型或$\frac{\infty}{\infty}$型不定式.

1^{∞} 型、0^0 型和 ∞^0 型不定式可通过取对数方法转化为 $0\cdot\infty$ 型不定式.

例 3 求下列极限.

(1) $\lim\limits_{x\to\infty}x(e^{\frac{1}{x}}-1)$; (2) $\lim\limits_{x\to\frac{\pi}{2}}(\sec x-\tan x)$.

解:

(1) 这是 $0\cdot\infty$ 型不定式,

$$\lim_{x\to\infty}x(e^{\frac{1}{x}}-1)=\lim_{x\to\infty}\frac{e^{\frac{1}{x}}-1}{\frac{1}{x}}=\lim_{t\to0}\frac{e^t-1}{t}=\lim_{t\to\infty}e^t=1.$$

(2) 这是 $\infty-\infty$ 型不定式,

$$\lim_{x\to\frac{\pi}{2}}(\sec x-\tan x)=\lim_{x\to\frac{\pi}{2}}\frac{1-\sin x}{\cos x}=\lim_{x\to\frac{\pi}{2}}\frac{-\cos x}{-\sin x}=0.$$

例 4 求下列极限:

(1) $\lim\limits_{x\to0^+}x^x$; (2) $\lim\limits_{x\to+\infty}(\frac{2}{\pi}\arctan x)^x$.

解:

(1) 这是 0^0 型不定式 , 令 $A=\lim\limits_{x\to0^x}x^x$,

则 $\ln A=\lim\limits_{x\to0^+}\dfrac{\ln x}{\frac{1}{x}}=\lim\limits_{x\to0^+}\dfrac{\frac{1}{x}}{-\frac{1}{x^2}}=\lim\limits_{x\to0^+}(-x)=0$,

所以 $A=1$, 从而$\lim\limits_{x\to0^+}x^x=1$.

(2) 这是 1^{∞} 型不定式,

令 $A=\lim\limits_{x\to+\infty}(\frac{2}{\pi}\arctan x)^x$,

则 $\ln A = \lim\limits_{x \to +\infty} x\ln\left(\dfrac{\pi}{2}\arctan x\right) = \lim\limits_{x \to +\infty} \dfrac{\ln\dfrac{\pi}{2} + \ln \arctan x}{\dfrac{1}{x}}$

$$= \lim_{x \to +\infty} \frac{\dfrac{1}{\arctan x} \cdot \dfrac{1}{1+x^2}}{-\dfrac{1}{x^2}} = \lim_{x \to +\infty} \frac{-x^2}{1+x^2} \cdot \frac{1}{\arctan x} = -\frac{2}{\pi},$$

所以 $A = e^{-\frac{2}{\pi}}$，从而 $\lim\limits_{x \to +\infty}\left(\dfrac{2}{\pi}\arctan x\right)^x = e^{-\frac{2}{\pi}}$.

【注】

（1）数学解决问题的主要途径之一就是转化，把一般形式转化为可解决的标准形式是常用的方法．

（2）取对数求极限法利用了极限符号与连续函数符号可交换顺序这一性质．

（3）本节定理给出的是求未定式的一种方法．当定理条件满足时，所求的极限当然存在(或为 ∞)，但当定理条件不满足时，所求极限却不一定不存在．

四 、学法建议

1. 本节重点是用洛必达法则求未定式的极限，着重掌握$\dfrac{0}{0}$和$\dfrac{\infty}{\infty}$型极限的求法，会把其他五类不定型转化为$\dfrac{0}{0}$或$\dfrac{\infty}{\infty}$型．

2. 洛必达法则求极限时，要注意与其他求极限的方法结合起来使用，还要注意洛必达法则使用的条件．

习题 3 － 2

1. 下列极限是否存在？能否用洛必达法则求出这些极限？

（1）$\lim\limits_{x \to 0} \dfrac{x^2 \sin\dfrac{1}{x}}{\sin x}$；　　（2）$\lim\limits_{x \to \infty} \dfrac{x - \sin x}{x + \sin x}$；　　（3）$\lim\limits_{x \to 0} \dfrac{x + \cos x}{x - \cos x}$.

2. 求下列极限：

(1) $\lim\limits_{x\to0}\dfrac{e^{2x}-1}{\sin x}$；　(2) $\lim\limits_{x\to0}\dfrac{x-\sin x}{x^2\sin x}$；　(3) $\lim\limits_{x\to\frac{\pi}{2}}\dfrac{3^{\cos^2x-1}}{\ln\sin x}$.

3. 求下列极限：

(1) $\lim\limits_{x\to0^+}\dfrac{\ln\sin 3x}{\ln\sin x}$；　(2) $\lim\limits_{x\to+\infty}\dfrac{2^x}{x^4}$.

4. 求下列极限：

(1) $\lim\limits_{x\to1}\left(\dfrac{x}{x-1}-\dfrac{1}{\ln x}\right)$；　(2) $\lim\limits_{x\to\pi}(x-\pi)\tan\dfrac{x}{2}$；　(3) $\lim\limits_{x\to1}x^{\frac{1}{1-x}}$.

习题 3 - 2 答案与提示

1. (1) 极限为 0.　(2) 极限为 1.

(3) 极限为 - 1. 都不能使用洛必达法则.

2. (1)2.　(2) $\dfrac{1}{6}$.　(3) - 2ln3.

3. (1)1.　(2)∞.

4. (1) $\dfrac{1}{2}$.　(2) - 2.　(3) $\dfrac{1}{e}$.

第三节　函数单调性和曲线的凹凸性

一、函数单调性的判定法

第一章中已经介绍了函数在区间上单调的概念，下面利用导数来对函数的单调性进行研究.

如果函数 $y=f(x)$ 在 $[a, b]$ 上单调增加(单调减少)，那么它的图形是一条沿 x 轴正向上升(下降) 的曲线. 这时，如图 3 - 3(图 3 - 4)，曲线上各点处的切线斜率是非负的(是非正的)，即 $y'=f'(x)\geq 0(y'=f'(x)\leq 0)$. 由此可见，函数的单调性与导数的符号有着密切的联系 .

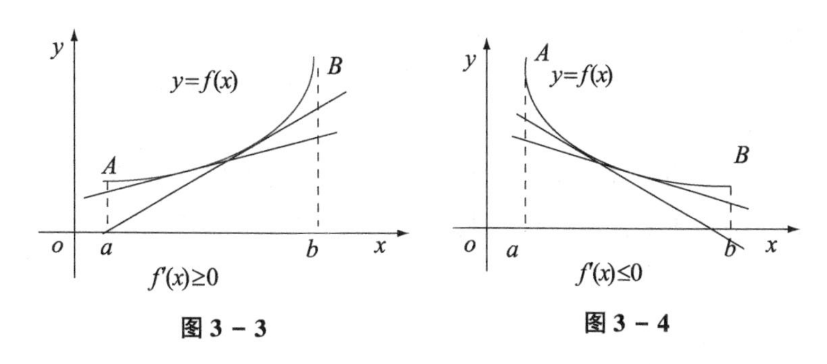

图 3 - 3　　**图 3 - 4**

反过来，能否用导数的符号来判定函数的单调性呢？下面我们利用拉格朗日中值定理来进行讨论 .

设函数 $f(x)$ 在 $[a, b]$ 上连续，在 (a, b) 内可导，在 $[a, b]$ 上任取两点 x_1、$x_2(x_2<x_2)$，应用拉格朗日中值定理得

$$f(x_2)-f(x_1)=f'(\zeta)(x_2-x_1)(x_1<\zeta<x_2) \qquad (1)$$

由于在(1)式中，$x_2-x_1>0$，因此，如果在 (a, b) 内导数 $f'(x)$ 保持正号，即 $f'(x)>0$，那么也有 $f'(\zeta)>0$. 于是

$$f(x_2)-f(x_1)=f'(\zeta)(x_2-x_1)>0,$$

即 $f(x_1)<f(x_2)$，表明函数 $y=f(x)$ 在 $[a, b]$ 上单调增加 .

同理，如果在 (a, b) 内导数 $f'(x)$ 保持负号，即 $f'(x)<0$，那么 $f'(\zeta)<0$，于是 $f(x_2)-f(x_1)<0$，即 $f(x_1)>f(x_2)$，表明函数 $y=f(x)$ 在 $[a, b]$ 上单调减少 . 归纳以上讨论可得

定理 1　设函数 $y=f(x)$ 在 $[a, b]$ 上连续，在 (a, b) 内可导 .

(1) 如果在 (a, b) 内 $f'(x)>0$，那么函数 $y=f(x)$ 在 $[a, b]$ 上单调增加；

(2) 如果在 (a, b) 内 $f'(x)<0$，那么函数 $y=f(x)$ 在 $[a, b]$ 上单调减少 .

如果把这个判定法中的闭区间换成其他各种区间(包括无穷区间)，那么结论也成立 .

一个函数在其定义域内可能有多个单增区间和单减区间，要确定它们，关键在于寻找增减区间的分界点 . 若 x_0 为函数 $f(x)$ 的增减区间分界点且在 x_0 两侧 $f'(x)$ 存在，则在 x_0 两侧 $f'(x)$ 必然异号，因而 $f'(x_0)=0$ 或 $f'(x_0)$ 不存在，用导

数等于零的点和导数不存在点划分函数定义域后，就可以使函数在各个部分区间上单调.

下面介绍确定函数单调区间的步骤.

定义1 若$f'(x_0)=0$，则称x_0是函数$f(x)$的一个驻点；驻点和导数不存在的点统称为函数$f(x)$的一阶可疑点.

函数$y=f(x)$的增减区间分界点必为$f(x)$的一阶可疑点，反之不然.

例如：$x=0$是函数$f(x)=x^3$的驻点，但$x=0$不是函数$f(x)=x^3$的增减区间分界点.

求函数$f(x)$的单调区间步骤：

(1) 求函数$f(x)$的定义域；

(2) 求$f'(x)$；

(3) 求一阶可疑点；

(4) 用一阶可疑点把定义域分开后列表判定.

例1 求函数$f(x)=x^3+3x^2-9x+1$的单调区间.

解：

① 定义域为$(-\infty, +\infty)$；

② $f'(x)=3x^2+6x-9$；

③ 令$f'(x)=0$得驻点$x_1=-3$，$x_2=1$；

④

x	$(-\infty, -3)$	-3	$(-3, 1)$	1	$(1, +\infty)$
$f'(x)$	+	0	−	0	+
$f(x)$	单增		单减		单增

例2 求函数$f(x)=(x-1)x^{\frac{2}{3}}$的单调区间.

解：

① 定义域为$(-\infty, +\infty)$；

② $f'(x)=\dfrac{5x-2}{3\sqrt[3]{x}}$；

③ 令$f'(x)=0$得驻点$x_1=\dfrac{2}{5}$，又$x=0$时导数不存在；

④

x	$(-\infty, 0)$	0	$(0, \frac{2}{5})$	$\frac{2}{5}$	$(\frac{2}{5}, +\infty)$
$f'(x)$	+	不存在	−	0	+
$f(x)$	单增		单减		单增

【注】 用可疑点把定义域分开后，可保证$f'(x)$在各个部分区间内保持固定符号，从而可用部分区间内某点导数值符号确定此区间导数符号．

下面介绍利用单调性证明不等式的方法．

要证明$x \in (a, b)$有$f(x) > g(x)$，只需令$F(x)=f(x)-g(x)$

求证$F'(x) > 0$且$F(a) \geq 0$即可．

事实上，由$F'(x) > 0$，可知$F(x)$单调递增，从而$F(x) > F(a) \geq 0$，则$F(x)=f(x)-g(x) > 0 \Rightarrow f(x) > g(x)$

例 3　求证：当$x > 0$时，有$e^x > x+1$.

证明： 令$F(x)=e^x-1-x$，$x \in (0, +\infty)$.

$F'(x)=e^x-1 > 0$，故$F(x)$在$[0, +\infty)$单调增加，又$F(0)=0$

所以$F(x) > F(0)=0$，从而$e^x > 1+x$.

例 4　证明：当$x > 1$时，$2\sqrt{x} > 3-\frac{1}{x}$.

证明： 令$f(x)=2\sqrt{x}-(3-\frac{1}{x})$，则$f'(x)=\frac{1}{\sqrt{x}}-\frac{1}{x^2}=\frac{1}{x^2}(x\sqrt{x}-1)$

$f(x)$在$[1, +\infty)$上连续，在$(1, +\infty)$内$f'(x) > 0$，因此在$[1, +\infty)$上$f(x)$单调增加，从而当$x > 1$时，$f(x) > f(1)$.

由于$f(1)=0$，故$f(x) > f(1)=0$，即$2\sqrt{x}-(3-\frac{1}{x}) > 0$，

亦即$2\sqrt{x} > 3-\frac{1}{x}$　$(x > 1)$.

二、曲线的凹凸性与拐点

函数的单调性反映在图形上，就是曲线的上升或下降．但是，曲线在上升或

下降的过程中，还有一个弯曲方向的问题. 例如，图3 - 5中有两条曲线弧，虽然它们都是上升的，但图形却有显著的不同，左边的曲线是向上凹的曲线弧，右边的曲线是向下凹的曲线弧，它们的凹凸性不同，下面就来研究曲线的凹凸性及其判定法.

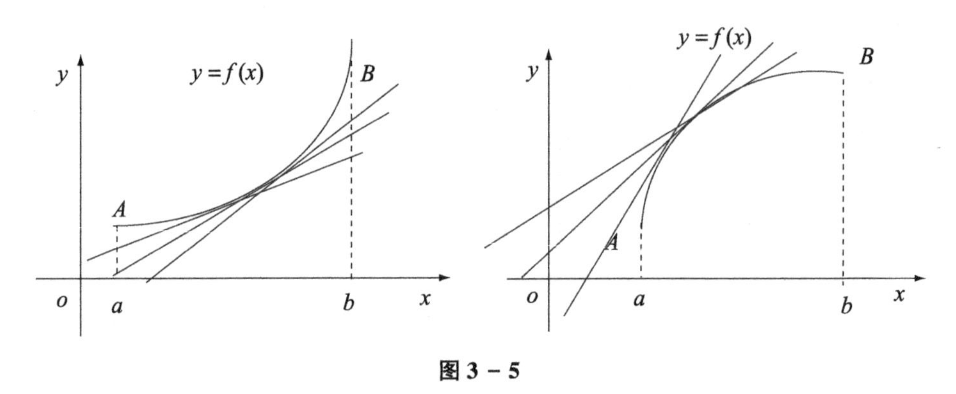

图 3 - 5

从几何上看到，在有的曲线弧上，如果任取两点，则联结这两点间的弦总位于这两点间的弧段的上方(图 3 - 6(a))，而有的曲线弧，则正好相反(图 3 - 6(b)). 曲线的这种性质就是曲线的凹凸性. 因此曲线的凹凸性可以用联结曲线弧上任意两点的弦的中点与曲线弧上相应点(即具有相同横坐标的点)的位置关系来描述，下面给出曲线凹凸性的定义.

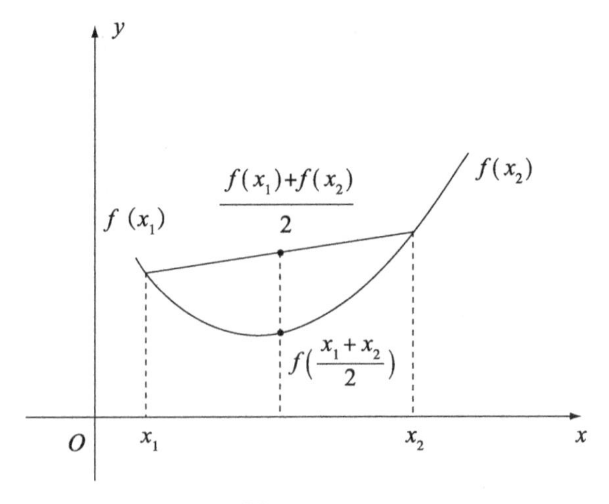

图 3 - 6(a)

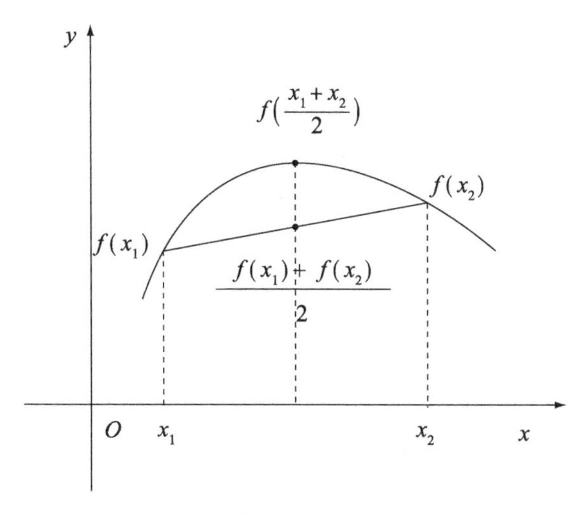

图 3 - 6(b)

定义 2　设 $f(x)$ 在区间 I 上连续，如果对 I 上任意两点 x_1，x_2 恒有 $f\left(\frac{x_1+x_2}{2}\right)<\frac{f(x_1)+f(x_2)}{2}$，那么称 $f(x)$ 在 I 上的图形是凹的；如果恒有 $f\left(\frac{x_1+x_2}{2}\right)>\frac{f(x_1)+f(x_2)}{2}$，那么称 $f(x)$ 在 I 上的图形是凸的 .

如果函数 $f(x)$ 在 I 内具有二阶导数，那么可以利用二阶导数的符号来判定曲线的凹凸性，这就是下面的曲线凹凸性的判定定理。仅就 I 为闭区间的情形叙述定理，当 I 不是闭区间时，定理类同 .

定理 2　设 $f(x)$ 在 $[a, b]$ 上连续，在 (a, b) 内具有二阶导数，那么

(1) 若在 (a, b) 内 $f''(x)>0$，则 $f(x)$ 在 $[a, b]$ 上的图形是凹的；

(2) 若在 (a, b) 内 $f''(x)<0$，则 $f(x)$ 在 $[a, b]$ 上的图形是凸的 .

证明：

(1) 设 x_1，$x_2\in[a, b]$ 且 $x_1<x_2$，记 $x_0=\frac{x_1+x_2}{2}$，并记 $x_0-x_1=x_2-x_0=h$，

则 $x_1=x_0-h$，$x_2=x_0+h$.

在区间 $[x_1, x_0]$ 应用拉格朗日中值定理得

$$f(x_0)-f(x_0-h)=f'(\zeta_1)h \qquad ①$$

其中 $x_1 < \zeta_1 < x_0$.

在区间$[x_0, x_2]$应用拉格朗日中值定理得

$$f(x_0 + h) - f(x_0) = f'(\zeta_2)h \tag{②}$$

其中 $x_0 < \zeta_2 < x_2$.

② - ① 式得

$$f(x_0 + h) + f(x_0 - h) - 2f(x_0) = [f'(\zeta_2) - f'(\zeta_1)]h \tag{③}$$

继续应用拉格朗日中值定理得，

$$f'(\zeta_2) - f'(\zeta_1) = f''(\zeta)(\zeta_2 - \zeta_1) \tag{④}$$

其中 $\zeta_1 < \zeta < \zeta_2$.

由 ③ 和 ④ 可知

$f(x_0 + h) + f(x_0 - h) - 2f(x_0) = f''(\zeta)(\zeta_2 - \zeta_1)h > 0$，即

$f(\frac{x_1 + x_2}{2}) < \frac{f(x_1) + f(x_2)}{2}$

由定义可知曲线 $y = f(x)$ 在(a, b)内为凹的.

(2) 同理可证.

定义 3 曲线上凹弧与凸弧的分界点称为曲线的拐点.

拐点既然是凹与凸的分界点，所以在拐点左右邻域$f''(x)$必然异号，因而在拐点处$f''(x) = 0$或$f''(x)$不存在. 用二阶导数等于零的点和二阶导数不存在点划分函数定义域后，就可确定曲线的凹凸区间和拐点.

下面介绍曲线凹凸区间和拐点的确定方法

定义 4 函数$f(x)$的二阶导数等于零的点和二阶导数不存在的点统称为$f(x)$的二阶可疑点.

【注】曲线 $y = f(x)$ 拐点的横坐标是$f(x)$的二阶可疑点，反之不然.

求曲线 $y = f(x)$ 的凹凸区间和拐点的步骤：

(1) 求函数$f(x)$的定义域；(2) 求$f''(x)$；

(3) 求$f(x)$的二阶可疑点；

(4) 用$f(x)$的二阶可疑点把$f(x)$的定义域分开后列表判定.

例 3 求曲线 $y = \ln(1 + x^2)$ 的凹凸区间和拐点.

解:

① 定义域为$(-\infty, +\infty)$;

② $y' = \dfrac{2x}{1+x^2}$, $y'' = \dfrac{2(1-x^2)}{(1+x^2)^2}$;

③ 令 $y''=0$ 得 $x=\pm 1$;

④

x	$(-\infty, -1)$	-1	$(-1, 1)$	1	$(1, +\infty)$
y''	$-$		$+$		$-$
y	凸	拐点 $(-1, \ln 2)$	凹	拐点 $(1, \ln 2)$	凸

例 4　求曲线 $y=(x-2)^{\frac{1}{3}}$ 的凹凸区间和拐点.

解:

① 定义域为$(-\infty, +\infty)$;

② $y' = \dfrac{1}{3}(x-2)^{-\frac{2}{3}}$, $y'' = -\dfrac{2}{9}(x-2)^{-\frac{5}{3}}$;

③ $y''=0$ 无解, $x=2$ 时 y'' 不存在;

④

x	$(-\infty, 2)$	2	$(2, +\infty)$
y''	$+$	不存在	$-$
y	凹	拐点 $(2, 0)$	凸

三、学法建议

本节重点掌握讨论函数的单调性, 极值, 凹凸性与拐点的步骤.

习题 3 - 3

一、计算题

1. 求下列函数的单调区间：

(1)$f(x)=\dfrac{4x}{1+x^2}+\dfrac{x}{2}$；（2)$f(x)=\dfrac{x^2+x+2}{x-1}$；（3)$f(x)=(x^2-2x)e^x$.

2. 求下列曲线的凹凸区间和拐点：

(1)$y=x^4-2x^3+1$；　(2)$y=x\arctan x$；　(3)$y=e^{-x^2}$.

二、证明题

1. 求证：$x>0$ 时，$x>\ln(1+x)$.

2. 证明方程 $x^5+x-1=0$ 只有一个实根.

习题 3 - 3 答案与提示

一、

1.(1) 在$(-\infty, +\infty)$上单调递增.

(2) $(-\infty, -1)\cup(3, +\infty)$上单调递增，$(-1, 1)\cup(1, 3)$上单调递减.

(3)$(-\infty, -\sqrt{2})\cup(\sqrt{2}, +\infty)$上单调递增，$(-\sqrt{2}, \sqrt{2})$上单调递减.

2.(1) 区间$(-\infty, 0)\cup(1, +\infty)$凹，区间$(0, 1)$凸；点$(0, 1)$和$(1, 0)$是拐点.

(2)$(-\infty, +\infty)$凹.

(3) 区间$\left(-\infty, -\dfrac{\sqrt{2}}{2}\right)\cup\left(\dfrac{\sqrt{2}}{2}, +\infty\right)$凹，区间$\left(-\dfrac{\sqrt{2}}{2}, \dfrac{\sqrt{2}}{2}\right)$凸，点$\left(-\dfrac{\sqrt{2}}{2}, e^{-\frac{1}{2}}\right)$和$\left(\dfrac{\sqrt{2}}{2}, e^{-\frac{1}{2}}\right)$是拐点.

二、

1. 利用单调性证明.

2. 利用单调性和零点存在定理证明.

第四节　函数的极值和最大、最小值

一、函数的极值

定义 1　设函数$f(x)$在点$x=x_0$的一个邻域$(x_0-\delta,\ x_0+\delta)$内有定义，如果对任意$x\in(x_0-\delta,x_0)\cup(x_0,x_0+\delta)$，总有$f(x)<f(x_0)$，则称$f(x_0)$为函数$f(x)$的极大值，$x_0$称为函数$f(x)$的极大值点；如果对任意$x\in(x_0-\delta,x_0)\cup(x_0,x_0+\delta)$，总有$f(x)>f(x_0)$，则称$f(x_0)$为函数$f(x)$的极小值，$x_0$称为函数$f(x)$的极小值点.

极大值与极小值统称为极值，极大值点与极小值点统称为极值点.

如图 3－7 所示函数$f(x)$，x_1，x_4，x_6是其极小值点，x_2，x_5是其极大值点，x_3不是极值点.

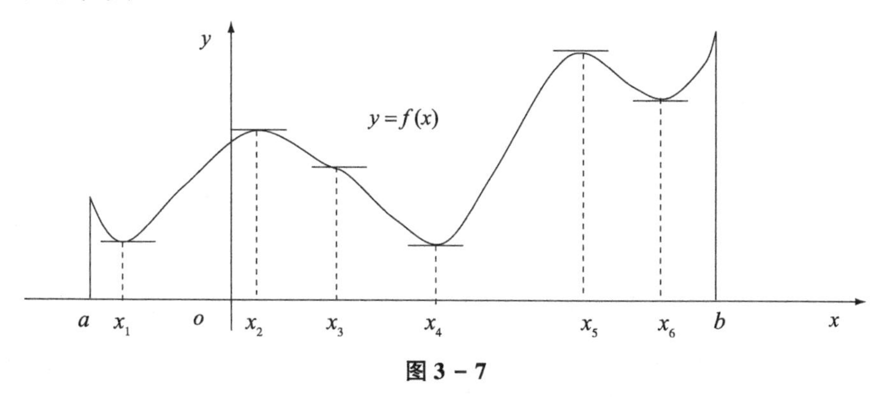

图 3－7

【注】

(1) 极值是一个局部性的概念，而最值是整体概念.

(2) 极大值未必大于极小值.

1. 函数极值点的必要条件

定理 1　若x_0是函数$f(x)$的极值点，则x_0必为函数$f(x)$的一阶可疑点，反之不然.

证明：若$f'(x_0)$不存在，则x_0为一阶可疑点，若$f'(x_0)$存在，不妨设$f(x_0)$为极大值.

则$f'_-(x_0)=\lim\limits_{x\to x_0^-}\dfrac{f(x)-f(x_0)}{x-x_0}\geq 0$,

$f'_+(x_0)=\lim\limits_{x\to x_0^+}\dfrac{f(x)-f(x_0)}{x-x_0}\leq 0$,

又$f'_-(x_0)=f'_+(x_0)=f'(x_0)$.

所以$f'(x_0)=0$，即x_0为驻点.

取$f(x)=x^3$，则$x=0$是函数$f(x)$的驻点，但不是极值点.

2. 判定极值点的充分条件

定理 2　设函数$f(x)$在点x_0处连续，在x_0的某去心邻域内可导，

(1) 如果当$x\in(x_0-\delta,x_0)$时$f'(x)>0$，而当$x\in(x_0,x_0+\delta)$时$f'(x)<0$，则函数$f(x)$在点x_0处取极大值$f(x_0)$.

(2) 如果当$x\in(x_0-\delta,x_0)$时$f'(x)<0$,而当$x\in(x_0, x_0+\delta)$时$f'(x)>0$，则函数$f(x)$在点x_0处取极小值$f(x_0)$.

(3) 如果$f'(x)$在x_0两侧不变号，则$f(x)$在x_0处无极值.

证明：

(1) 当$x\in(x_0-\delta, x_0)$时$f'(x)>0$，则$f(x)$在$x\in(x_0-\delta, x_0)$内单调增加，所以$f(x_0)>f(x)$.

当$x\in(x_0, x_0+\delta)$时$f'(x)<0$，则$f(x)$在$x\in(x_0, x_0+\delta)$内单调递减，所以$f(x_0)>f(x)$.

即对任意$x\in(x_0-\delta, x_0)\cup(x_0, x_0+\delta)$，总有$f(x_0)>f(x)$，

所以$f(x_0)$是$f(x)$的极大值.

(2) 同理可证.

(3) 因为$f'(x)$在x_0两侧不变号，所以$f(x)$在x_0的两侧均单调增加或单调减少，从而x_0不是极值点.

3. 求函数 $f(x)$ 极值的步骤：

(1) 求 $f(x)$ 定义域；(2) 求 $f'(x)$；(3) 求一阶可疑点；
(4) 用一阶可疑点把定义域分开后列表判定.

例 1　求函数 $f(x)=3-(x-2)^{\frac{2}{5}}$ 的极值.

解：

① 定义域为 $(-\infty,\ +\infty)$；② $f'(x)=-\frac{2}{5}(x-2)^{-\frac{3}{5}}$；

③ $f'(x)=0$ 无解，$x=2$ 时 $f'(x)$ 不存在；

④

x	$(-\infty, 2)$	2	$(2, +\infty)$
$f'(x)$	+	不存在	—
$f(x)$	单增	$f(2)=3$ 为极大值	单减

例 2　已知函数 $f(x)=e^{-x}\ln ax$ 在 $x=\frac{1}{2}$ 处有极值，求 a 的值.

解：

$f'(x)=e^{-x}(\frac{1}{x}-\ln ax)$. 若 $x=\frac{1}{2}$ 处函数有极值，则应有 $f'(\frac{1}{2})=0$，

即 $e^{-\frac{1}{2}}(2-\ln\frac{a}{2})=0$，所以 $a=2e^2$.

当函数 $f(x)$ 在驻点处的二阶导数存在且不为零时，也可以利用下列定理来判定 $f(x)$ 在驻点处取得极大值还是极小值.

定理 3　设函数 $f(x)$ 在点 x_0 处具有二阶导数且 $f'(x_0)=0$，$f''(x_0)\neq 0$.
(1) 当 $f''(x_0)<0$ 时，函数 $f(x)$ 在 x_0 处取得极大值；
(2) 当 $f''(x_0)>0$ 时，函数 $f(x)$ 在 x_0 处取得极小值.

证明： (1) $f''(x_0)=\lim\limits_{x\to x_0}\frac{f'(x)-f'(x_0)}{x-x_0}=\lim\limits_{x\to x_0}\frac{f'(x)}{x-x_0}<0$，

由极限保号性知，存在点 x_0 的某个邻域，使在该邻域内恒有 $\frac{f'(x)}{x-x_0}<0$

$x \neq x_0$，所以，当 $x < x_0$ 时 $f'(x) > 0$，当 $x > x_0$ 时 $f'(x) < 0$，由定理2可知，$f(x_0)$ 为极大值．

(2) 同理可证．

【注】 当 $f'(x_0)=0$，$f''(x_0)=0$ 时，$f(x)$ 在 x_0 处可能有极大值，也可能有极小值，也可能没有极值．例如，$f_1(x)=-x^4$，$f_2(x)=x^4$，$f_3(x)=x^3$ 这三个函数在 $x=0$ 处就分别属于这三种情况。因此，当 $f'(x_0)=f''(x_0)=0$ 时，定理3失效，需用定理2判定．

例3 求函数 $f(x)=x^3-3x^2-9x+5$ 的极值．

解：

① 定义域为 $(-\infty, +\infty)$；

② $f'(x)=3x^2-6x-9$；

③ 令 $f'(x)=0$，得驻点 $x_1=-1$，$x_2=3$；

④ $f''(x)=6x-6$，

因 $f''(-1)=-12<0$，所以 $f(-1)=10$ 为极大值．

因 $f''(3)=12>0$，所以 $f(3)=-22$ 为极小值．

二、闭区间上连续函数的最大值与最小值

闭区间 $[a, b]$ 上的连续函数必有最大值和最小值，下面给出其求法．

定理4 设函数 $y=f(x)$ 在闭区间 $[a, b]$ 内连续且在 (a, b) 内只有有限个一阶可疑点，则函数 $y=f(x)$ 在闭区间 $[a, b]$ 内最大值 $M=\max\{f(a), f(b), \text{可疑点值}\}$，最小值 $m=\min\{f(a), f(b), \text{可疑点值}\}$．

证明： 若最大值（或最小值）$f(x_0)$ 在开区间 (a, b) 内的点 x_0 处取得，那么 $f(x_0)$ 一定是 $f(x)$ 的极大值（或极小值），从而 x_0 必为 $f(x)$ 的一阶可疑点．又 $f(x)$ 的最大值和最小值也可能在区间的端点取得，因此上述定理成立．

【注】

(1) 若连续函数 $f(x)$ 在区间 $[a, b]$ 内单调，则最大值最小值都在区间端点取到．

(2) 若闭区间 $[a, b]$ 上连续函数 $f(x)$ 在 (a, b) 内只有一个极值，则此极值

必为最值.

例 4　求函数$f(x)=2x^3+3x^2-12x+14$在$[-3,4]$上的最大值与最小值.

解:

$f'(x)=6x^2+6x-12$，令$f'(x)=0$得驻点$x_1=-2$，$x_2=1$.

而$f(-3)=23$，$f(-2)=34$，$f(1)=7$，$f(4)=142$，

所以最大值$M=\max\{f(-3),f(-2),f(1),f(4)\}=142$

最小值$m=\min\{f(-3),f(-2),f(1),f(4)\}=7$.

三、最值应用问题

现实生活中常会遇到这样一类问题：在一定条件下，怎样使“利润最大”“用料最省”“成本最低”“效率最高”等问题，这类问题在数学上常常可归结为求某一函数的最大值或最小值的问题.

解最值应用题的步骤:

(1) 审题，寻找题目中的等量关系；

(2) 设未知量，列出函数表达式$y=f(x)$；

(3) 根据实际意义写出定义域；

(4) 求$f'(x)$；

(5) 求一阶可疑点x_0(一般只有一个，多的点应考虑是否不合题意)；

(6) 判定$f(x_0)$是最大值还是最小值；

(7) 答.

例 5　将边长为a的一块正方形铁皮，四角各截去一个大小相同的小正方形，然后将四边折起做成一个无盖方盒，问如何做，可使所得方盒的容积最大?

解: 设截去的小正方形边长为x，则盒底的边长为$a-2x$，

因此方盒的容积为$V(x)=x(a-2x)^2$，$x\in(0,\frac{a}{2})$.

$V'(x)=(a-6x)(a-2x)$，令$V'(x)=0$，得$x_1=\frac{a}{6}$，$x_2=\frac{a}{2}$(舍).

$V''(x)=24x-8a$，$V''(\frac{a}{6})=-4a<0$，

所以 $x=\dfrac{a}{6}$ 为极大值点，从而为最大值点．

答：当截去的小正方形边长为$\dfrac{a}{6}$时，所做成方盒容积最大．

例 6　甲船以每小时 20 海里的速度向东行驶，同一时间乙船在甲船正北 82 海里处以每小时 16 海里速度向南行驶，问经过多少时间，两船距离最近？

解：设经过 t 小时后两船距离为 s，

则 $l(t)=s^2(t)=(20t)^2+(82-16t)^2(t>0)$．

$l'(t)=2(20t)20+2(82-16t)(-16)=1312(t-2)$，

令 $l'(t)=0$，得 $t=2$.

$l''(t)=1312$，$l''(2)=1312>0$，

所以 $t=2$ 为极小值点，从而为最小值点．

答：经过 2 小时，两船距离最近．

例 7　在曲线 $y=1-x^2(x>0)$ 上求一点 M 的坐标，使曲线在该点处的切线与两坐标轴所围三角形面积最小．

解：设曲线在点 $M(t,\ 1-t^2)$ 处的切线与坐标轴所围的三角形面积 S 为最小．

因为 $y'=-2x$，所以曲线在点 M 处的切线斜率为 $k=-2t$，

则切线方程为 $y-1+t^2=-2tx+2t^2$，即$\dfrac{y}{1+t^2}+\dfrac{x}{\dfrac{1+t^2}{2t}}=1$.

于是此切线与两坐标轴所围的面积是 $S(t)=\dfrac{(1+t^2)^2}{4t}(t>0)$．

$S'(t)=\dfrac{(1+t^2)(3t^2-1)}{4t^2}$，令 $S'(t)=0$，得 $t_1=\dfrac{1}{\sqrt{3}}$，$t_2=-\dfrac{1}{\sqrt{3}}$(舍)．

当$0<t<\dfrac{1}{\sqrt{3}}$时，$S'(t)<0$；当$t>\dfrac{1}{\sqrt{3}}$时，$S'(t)>0$.

所以 $t=\dfrac{1}{\sqrt{3}}$ 是唯一的极小值点，因此它是最小值点，

于是所求 M 点的坐标为 $(\dfrac{1}{\sqrt{3}},\ \dfrac{2}{3})$．

【注】解最值应用题时常画示意图帮助分析，读者可自己画出这几个例题的示意图.

四、 函数图形的描绘

利用函数一阶导数和二阶导数的符号，可以确定函数图形的增减区间，凹凸区间，极值点和拐点. 有时函数曲线会无限接近于一条直线，这样的直线称为曲线的渐近线. 为了能更好地画出函数图形，先研究渐近线的有关内容.

1. 渐近线

定义 2　如果曲线上的一点沿着曲线趋于无穷远时，该点与某条直线的距离趋于 0，则称此直线为曲线的一条渐近线.

水平渐近线

定义 3　如果曲线 $y=f(x)$ 的定义域是无限区间，且有 $\lim\limits_{x\to-\infty}f(x)=b$（或 $\lim\limits_{x\to+\infty}f(x)=b$），则直线 $y=b$ 为曲线 $y=f(x)$ 的渐近线，称为水平渐近线（见图 3－8，$b=0$ 的情形）.

例 8　求曲线 $y=\dfrac{2}{x+1}$ 的水平渐近线.

解：因为 $\lim\limits_{x\to\infty}\dfrac{2}{x+1}=0$，所以 $y=0$ 是曲线 $y=\dfrac{2}{x+1}$ 的一条水平渐近线.

铅垂渐近线

定义 4　如果曲线 $y=f(x)$ 有 $\lim\limits_{x\to c^-}f(x)=\infty$（或 $\lim\limits_{x\to c^+}f(x)=\infty$），

则直线 $x=c$ 为曲线 $y=f(x)$ 的一条渐近线，称为铅垂渐近线.（见图 3－8，$c=1$ 的情形）

例 9　求曲线 $y=\dfrac{1}{x-1}$ 的铅垂渐近线.

解　因为 $\lim\limits_{x\to1^-}\dfrac{1}{x-1}=-\infty$（$\lim\limits_{x\to1^+}\dfrac{1}{x-1}=+\infty$），

所以 $x=1$ 是曲线 $y=\dfrac{1}{x-1}$ 的一条铅垂渐近线.

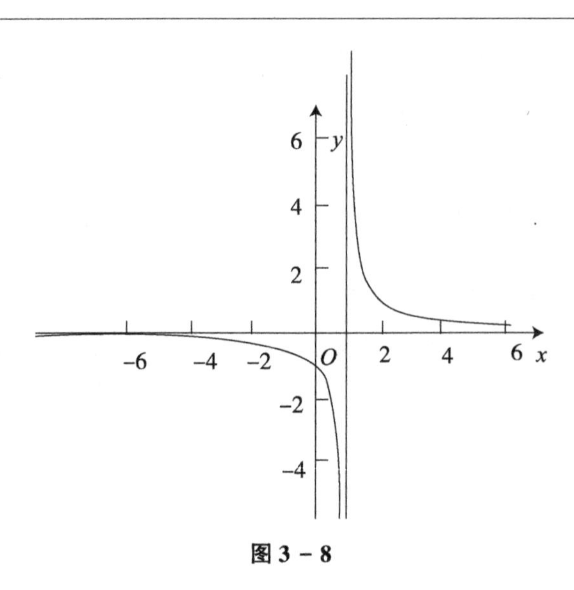

图 3－8

斜渐近线

定义 5 对曲线 $y=f(x)$ 和直线 $y=ax+b(a\neq0)$，如果 $\lim\limits_{x\to+\infty}[f(x)-(ax+b)]=0$（或 $\lim\limits_{x\to-\infty}[f(x)-(ax+b)]=0$），则直线 $y=ax+b$ 是曲线 $y=f(x)$ 的一条渐近线，称为斜渐近线.

定理 5 若直线 $y=ax+b$ 是曲线 $y=f(x)$ 的斜渐近线，

则 $a=\lim\limits_{x\to+\infty}\dfrac{f(x)}{x}$（或 $a=\lim\limits_{x\to-\infty}\dfrac{f(x)}{x}$），$b=\lim\limits_{x\to+\infty}[f(x)-ax]$（或 $b=\lim\limits_{x\to-\infty}[f(x)-ax]$）.

证明：因为 $\lim\limits_{x\to+\infty}[f(x)-(ax+b)]=0$

所以 $\lim\limits_{x\to+\infty}\left(\dfrac{f(x)}{x}-a-\dfrac{b}{x}\right)=\lim\limits_{x\to+\infty}\dfrac{f(x)}{x}-a=0$

即 $a=\lim\limits_{x\to+\infty}\dfrac{f(x)}{x}$，进而有 $b=\lim\limits_{x\to+\infty}[f(x)-ax]$.

例 10 求曲线 $y=\dfrac{x^2}{x+1}$ 的斜渐近线.

解：$a=\lim\limits_{x\to\infty}\dfrac{f(x)}{x}=\lim\limits_{x\to\infty}\dfrac{x^2}{x(x+1)}=1$，

$$b=\lim_{x\to\infty}[f(x)-ax]=\lim_{x\to\infty}\left[\frac{x^2}{x+1}-x\right]=\lim_{x\to\infty}\frac{-x}{x+1}=-1.$$

则 $y=x-1$ 为曲线 $y=\frac{x^2}{x+1}$ 的斜渐近线.

2. 函数作图的步骤

描绘函数 $y=f(x)$ 的图形可依下述步骤进行:

(1) 确定函数 $y=f(x)$ 的定义域;

(2) 确定函数 $y=f(x)$ 的奇偶性和周期性;

(3) 确定曲线 $y=f(x)$ 与坐标轴的交点坐标;

(4) 求 $f'(x)$ 和 $f''(x)$;

(5) 求 $f(x)$ 的一阶可疑点和二阶可疑点;

(6) 列表判定函数 $y=f(x)$ 的单调区间、凹凸区间、极值和拐点;

(7) 确定曲线 $y=f(x)$ 的渐近线;

(8) 画出图形.

例 11　作函数 $y=\frac{x^2}{x+1}$ 的图形.

解: (1) 定义域: $(-\infty,-1)\cup(-1,+\infty)$;

(2) $y=\frac{x^2}{x+1}$ 是非奇非偶非周期函数;

(3) 曲线与坐标轴交点为 $(0,0)$;

(4) $f'(x)=\frac{x^2+2x}{(x+1)^2}$, $f''(x)=\frac{2}{(x+1)^3}$;

(5) 一阶可疑点为 $x=-2$, $x=-1$, $x=0$,

二阶可疑点为 $x=-1$;

(6)

x	$(-\infty,-2)$	-2	$(-2,-1)$	-1	$(-1,0)$	0	$(0,+\infty)$
y'	+	0	−	不存在	−	0	+
y''	−		−	不存在	+		+
y	单增, 凸	极大值 -4	单减, 凸	间断	单减, 凹	极小值 0	单增, 凹

(7)$x=-1$ 为铅垂渐进线，$y=x-1$ 为斜渐近线；

(8) 作出函数的图形，如图 3 - 9.

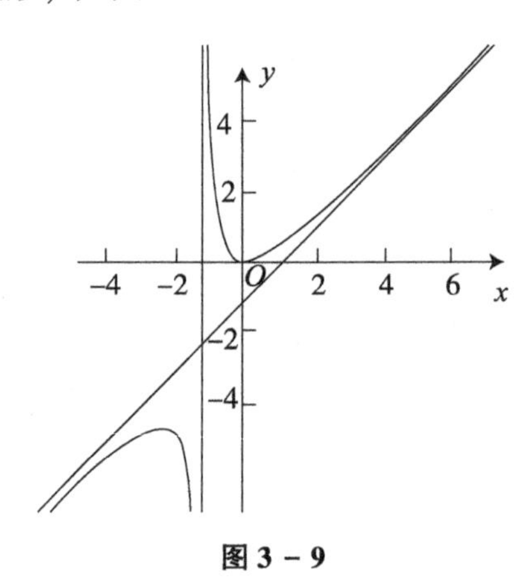

图 3 - 9

五 、学法建议

函数的图形是函数的性态的几何直观表示，它有助于对函数性态的了解，准确做出函数图形的前提是正确讨论函数的单调性，极值，凹凸性与拐点以及渐近线等，这就要求读者按教材中指出的步骤完成.

习题 3 - 4

一、计算题

1. 求下列函数的极值：

(1)$y=2x^3-3x^2$；

(2)$y=x+\sqrt{1-x}$；

(3)$y=3-2(x+1)^{\frac{1}{3}}$；

(4)$y=2e^{x}+e^{-x}$.

2. 试问 a 为何值时，函数 $f(x)=a\sin x+\frac{1}{3}\sin 3x$ 在 $x=\frac{\pi}{3}$ 处取得极值？它是极大值还是极小值？并求此极值.

3. 求函数 $f(x)=3x^4-4x^3-12x^2+1$ 在区间 $[-3, 3]$ 上的最值.

二、应用题

1. 将一长为 $2l$ 的线段折成一个长方形，问如何做可使长方形面积最大？

2. 要做一个容积为 V 的圆柱形罐头筒(有盖)，怎样设计才能使所用材料最省？

3. 求内接于半径为 R 的球的圆柱体的最大体积 .

4. 作出下列函数的图形：

(1) $f(x)=\frac{1}{\sqrt{2\pi}}e^{-\frac{x^2}{2}}$；　　(2) $y=x^3+3x^2-9x$.

习题 3 – 4 答案与提示

一、

1. (1) 极大值 $y(0)=0$，极小值 $y(1)=-1$.

(2) 极大值 $y\left(\frac{3}{4}\right)=\frac{5}{4}$.

(3) 没有极值 .

(4) 极小值 $y\left(-\frac{1}{2}\ln 2\right)=2\sqrt{2}$.

2. $a=2$，$f\left(\frac{\pi}{3}\right)=\sqrt{3}$ 为极大值 .

3. $f(-3)=244$ 为最大值，$f(2)=-31$ 为最小值 .

二、

1. 折成边长为 $\frac{l}{2}$ 的正方形时面积最大 .

2. 当所做罐头筒的高和底直径相等时（$h=2r=2\sqrt[3]{\frac{V}{2\pi}}$）所用材料最省 .

3. 当圆柱体的高为 $\frac{2}{\sqrt{3}}R$ 时，圆柱体体积最大为 $\frac{4}{3\sqrt{3}}\pi R^3$.

4. 略 .

总复习题三

一、单项选择

1. 在区间[- 1, 1]上满足罗尔定理条件的函数是(　　).

A. $f(x) = x^3$　　B. $f(x) = |x|$;

C. $f(x) = x^2$　　D. $f(x) = x^2 - 2x - 1$

2. 下列函数在给定的区间上不满足拉格朗日定理条件的为(　　).

A. $f(x) = \frac{2x}{1 + x^2}[-1, 1]$　　B. $f(x) = |x|\quad[-1, 2]$

C. $f(x) = 4x^3 - 5x^2 + x - 2\quad[0, 1]$　　D. $f(x) = \ln(1 + x^2)[0, 3]$

3. 下列求极限问题不能使用洛必达法则的是(　　).

A. $\lim\limits_{x\to1}\frac{x^2 - 1}{x^2 + 2x - 3}$　　B. $\lim\limits_{x\to0}\frac{\sin x}{x}$　　C. $\lim\limits_{x\to\infty}\frac{x - \sin x}{x + \sin x}$　　D. $\lim\limits_{x\to+\infty}\frac{\ln x}{x}$

4. 函数 $y = x^3 + 12x + 1$ 在定义域内(　　).

A. 单调增加　　B. 单调减少　　C. 图形凹　　D. 图形凸

5. 函数 $y = f(x)$ 在点 x_0 处取得极大值，则必有(　　).

A. $f'(x_0) = 0$　　B. $f''(x_0) < 0$

C. $f'(x_0) = 0$ 且 $f''(x_0) < 0$　　D. $f'(x_0) = 0$ 或不存在

6. 点(0, 1)是曲线 $y = ax^3 + bx^2 + c$ 的拐点，则有(　　).

A. $a = 1$, $b = -3$, $c = 1$　　B. a 为任意值，$b = 0$, $c = 1$

C. $a = 1$, $b = 0$, c 为任意值　　D. a, b 为任意值，$c = 1$

二、填空题

1. 函数 $f(x) = x\sqrt{3 - x}$ 在[0, 3]上满足罗尔定理的条件，则结论中的 $\zeta =$ ____.

2. $f(x) = (x - 1)(x - 2)(x - 3)(x - 4)$，则方程 $f'(x) = 0$ 有 ____ 个实根.

3. 函数 $f(x) = \frac{1}{2}(e^x + e^{-x})$ 的极小值点为 ____.

4. 曲线 $y=3x^5-5x^3$ 有 ____ 个拐点 ____.

5. 曲线 $y=x+\frac{\ln}{x}$ 的 ____ 斜渐近线方程为 ____.

三、计算题

1. 求下列极限：

(1) $\lim\limits_{x\to0}\frac{(1+x)^{\frac{1}{x}}-e}{x}$；　　(2) $\lim\limits_{x\to0}x^2e^{\frac{1}{x}}$.

2. 设函数 $f(x)=\begin{cases}\frac{g(x)-\cos x}{x} & x\neq0\\ a & x=0\end{cases}$，其中 $g(x)$ 有一阶连续导数，且 $g(0)=1$，确定 a 的值，使 $f(x)$ 在 $x=0$ 处连续.

3. 设 $a>0$ 且函数 $f(x)=ax^3+bx^2+cx+d$ 是单调增加的，试确定 a，b，c 应满足的条件.

4. a，b 为何值时，点 $(1, 3)$ 为曲线 $y=ax^3+bx^2$ 的拐点？

5. 画出函数 $y=\ln(1+x^2)$ 的图形.

四、证明题

1. 设 $f(0)=0$，$f'(x)$ 在 $(0, +\infty)$ 上是单调增加的，证明函数 $g(x)=\frac{f(x)}{x}$ 在 $(0, +\infty)$ 内是单调增加的.

2. 证明方程 $x\ln x+\frac{1}{e}=0$ 只有一个实根.

3. 证明：当 $x\geq0$ 时，有 $\ln(1+x)\geq\frac{\arctan x}{1+x}$.

4. 证明恒等式 $2\arctan x+\arcsin\frac{2x}{1+x^2}=\pi(x\geq1)$.

五、应用题

1. 设某企业生产的一种产品的市场需求 Q(件) 为其价格 P(元) 的函数 $Q(P)=12000-80P$，在产销平衡的情况下，其总成本函数为 $C(Q)=25000+50Q$，又每件产品的纳税额为 1 元，问：当 P 为多少时企业所获的利润最大，最大利润为多少？

2. 从半径为R的圆面上剪下一个中心角为$\alpha(\alpha>\pi)$的扇形，并把这个扇形卷成一个圆锥面，问当α取何值时圆锥的体积V最大？

3. 要设计容器为V的有盖圆柱形储油桶，已知侧面单位面积的造价是底面造价的一半，而上盖的单位面积造价又是侧面造价的一半，问储油桶半径r取何值时总价最省？

总复习题三答案与提示

一、1. C.　2. B.　3. C.　4. A.　5. D.　6. B.

二、1. 2.　2. 3.　3. $x=0$.　4. 3.　5. $y=x$.

三、1. (1) $-\frac{\mathrm{e}}{2}$.　(2) $+\infty$.　2. $a=g'(0)$.

3. $b^2-3ac\leq 0$.　4. $a=-\frac{3}{2}$，$b=\frac{9}{2}$.　5. 略.

四、1. 利用拉格朗日中值定理证明$g'(x)>0$即可.

2. 证明$f(\frac{1}{\mathrm{e}})=0$为$f(x)=x\ln x+\frac{1}{\mathrm{e}}$唯一的极小值即可.

3. 令$f(x)=(1+x)\ln(1+x)-\arctan x$，证明$f'(x)>0$且$f(0)=0$即可.

4. 令$f(x)=2\arctan x+\arcsin\frac{2x}{1+x^2}(x>1)$，证明$f'(x)=0$.

五、1. $P=100.5$(元)时获得最大利润为171020元.

2. $\alpha=\frac{2}{3}\sqrt{6}\pi$时圆锥体积最大　3. $r=\sqrt[3]{\frac{2V}{5\pi}}$

第四章　不定积分与微分方程

本章学习提要

- 本章主要概念有：原函数定义，不定积分定义，微分方程的有关定义；
- 本章主要定理有：换元积分法定理，分部积分公式，不定积分运算法则，线性微分方程解的结构定理；
- 本章必须掌握的方法是：不定积分的各类求法．常见微分方程的解法．

引　言

前面学习了已知函数求导数的问题，现在要考虑其反问题：即求一个未知函数，使其导数恰好是某一已知函数，这是积分学的基本问题之一．本章将介绍不定积分的概念及其计算方法．

第一节　不定积分的定义与性质

一、原函数

定义 1　设函数 $y=f(x)$ 在某区间 I 上有定义，若存在函数 $F(x)$，使得在该区间任一点处，均有

$$F'(x)=f(x) \text{ 或 } \mathrm{d}F(x)=f(x)\mathrm{d}x,$$

则称 $F(x)$ 为 $f(x)$ 在该区间上的一个原函数.

性质1 若 $F(x)$ 是 $f(x)$ 的一个原函数，则 $F(x)+C$ 是 $f(x)$ 的全部原函数，其中 C 为任意常数.

证明：因为 $(F(x)+C)'=F'(x)+(C)'=f(x)$，所以 $F(x)+C$ 是 $f(x)$ 的原函数. 设 $G(x)$ 是 $f(x)$ 的任一个原函数，则 $G'(x)=F'(x)=f(x)$，从而存在常数 C 使 $G(x)=F(x)+C$，所以 $F(x)+C$ 是 $f(x)$ 的全部原函数，其中 C 为任意常数.

【注】 如果 $f(x)$ 在某区间上连续，那么它的原函数一定存在(将在下章加以说明).

例1 已知 $\frac{1}{x}$ 是 $f(x)$ 的一个原函数，求 $f'(x)=$ ____ .

解：因为 $f(x)=(\frac{1}{x})'=\frac{-1}{x^2}$ 所以 $f'(x)=\frac{2}{x^3}$.

二、不定积分的定义

定义2 若 $F(x)$ 是 $f(x)$ 在某区间 I 上的一个原函数，则 $f(x)$ 的全体原函 $F(x)+C$(C 为任意常数) 称为 $f(x)$ 在该区间上的不定积分，记为 $\int f(x)\mathrm{d}x$，即 $\int f(x)\mathrm{d}x=F(x)+C$，其中 $\int$ 称为积分符号，$f(x)$ 称为被积函数，x 称为积分变量.

例如：$\int 2x\mathrm{d}x=x^2+C$，$\int \cos x\mathrm{d}x=\sin x+C$.

三、不定积分的性质

(1) $[\int f(x)\mathrm{d}x]'=f(x)$ 或 $\mathrm{d}[\int f(x)\mathrm{d}x]=f(x)\mathrm{d}x$.

此式表明，先求积分再求导数(或求微分)，两种运算的作用相互抵消.

(2) $\int f'(x)\mathrm{d}x=F(x)+C$ 或 $\int \mathrm{d}F(x)=F(x)+C$.

此式表明，先求导数(或求微分)再求积分，两种运算的作用相互抵消后还留有积分常数 C.

(3) $\int kf(x)\mathrm{d}x = k\int f(x)\mathrm{d}x$($k$ 为非零常数).

证明：由性质(1) $[\int kf(x)\mathrm{d}x]' = kf(x)$，又 $[k\int f(x)\mathrm{d}x]' = k[\int f(x)\mathrm{d}x]' = kf(x)$，所以 $\int kf(x)\mathrm{d}x = k\int f(x)\mathrm{d}x$.

(4) $\int [f(x) \pm g(x)]\mathrm{d}x = \int f(x)\mathrm{d}x \pm \int g(x)\mathrm{d}x$.

证明：由性质(1)同理可证.

【注】

(1) 由性质(1)可验证所求不定积分 $\int f(x)\mathrm{d}x = F(x) + C$ 是否正确.

(2) 性质(4)可推广到有限个函数代数和的情况，即

$$\int [f_1(x) \pm f_2(x) \pm \cdots \pm f_n(x)]\mathrm{d}x = \int f_1(x)\mathrm{d}x \pm \cdots \pm \int f_n(x)\mathrm{d}x.$$

四、不定积分的基本积分公式(不定积分表)

(1) $\int k\mathrm{d}x = kx + C$($k$ 为常数)；

(2) $\int x^{\mu}\mathrm{d}x = \dfrac{x^{\mu+1}}{\mu+1} + C(\mu \neq -1)$；

(3) $\int \dfrac{1}{x}\mathrm{d}x = \ln|x| + C$；

(4) $\int \mathrm{e}^x\mathrm{d}x = \mathrm{e}^x + C$；

(5) $\int a^x\mathrm{d}x = \dfrac{a^x}{\ln a} + C$；

(6) $\int \cos x\mathrm{d}x = \sin x + C$；

(7) $\int \sin x\mathrm{d}x = -\cos x + C$；

(8) $\int \dfrac{1}{\cos^2 x}\mathrm{d}x = \int \sec^2 x\mathrm{d}x = \tan x + C$；

(9) $\int \dfrac{1}{\sin^2 x}\mathrm{d}x = \int \csc^2 x\mathrm{d}x = -\cot x + C$；

(10) $\int \sec x \tan x\mathrm{d}x = sec\ x + C$；

(11) $\int \csc x \cot x\mathrm{d}x = -\csc x + C$；

(12) $\int \dfrac{\mathrm{d}x}{\sqrt{1-x^2}} = \arcsin x + C$；

(13) $\int \frac{dx}{1+x^2} = \arctan x + C$.

五、不定积分的几何意义

定义 3 设函数 $y=f(x)$ 在某区间 I 上有定义，若存在函数 $F(x)$，使得在该区间任一点处，均有 $F'(x)=f(x)$，则称曲线 $y=F(x)$ 为函数 $f(x)$ 的一条积分曲线．

几何意义

$\int f(x)\,dx = F(x)+C$ 就是 $f(x)$ 的积分曲线的全体，称为 $f(x)$ 的积分曲线族. 此族曲线 $y=F(x)+C$ 是由一条积分曲线 $y=F(x)$ 上下平移而成，它们在横坐标相同点处的切线彼此平行．

例 2 已知曲线 $y=f(x)$ 过点(1，2)，且其上任一点处的切线斜率等于这点横坐标的两倍，求此曲线方程．

解：由题意 $f'(x)=2x$，又 $\int 2x\,dx = x^2+C$，所以 $f(x)=x^2+C$ 且过点(1，2)，则 $2=1+C \Rightarrow C=1$，于是所求曲线方程为 $y=x^2+1$．

六、学法建议

本节的重点是原函数与不定积分的概念、不定积分的性质和基本积分公式. 一定要熟记基本积分公式，它是求不定积分的基础．

习题 4－1

1. 设 $\int x f(x)\,dx = \arccos x + C$，求 $f(x)$．

2. 设 $f(x)$ 的导函数是 $\sin x$，求 $f(x)$ 的全体原函数．

3. 一曲线过点(e^2，3)，且在任一点处的切线的斜率等于该点横坐标的倒数，求该曲线的方程．

习题 4 - 1 答案与提示

1. $\dfrac{-1}{x\sqrt{1-x^2}}$.　　2. $-\sin x + C_1x + C_2$.　　3. $y = \ln|x| + 1$.

第二节　不定积分的各类求法

一、直接积分法

恒等变形后利用运算法则和积分表求不定积分的方法称为直接积分法.

例 1　求下列不定积分:

(1) $\int \sqrt{x}(x^2-5)\mathrm{d}x$;　(2) $\int \dfrac{1-2x^2}{1+x^2}\mathrm{d}x$;　(3) $\int \left(\cos\dfrac{x}{2}+\sin\dfrac{x}{2}\right)^2\mathrm{d}x$.

解:

(1) $\int \sqrt{x}(x^2-5)\mathrm{d}x = \int (x^{\frac{5}{2}}-5x^{\frac{1}{2}})\mathrm{d}x = \int x^{\frac{5}{2}}\mathrm{d}x - 5\int x^{\frac{1}{2}}\mathrm{d}x = \dfrac{2}{7}x^{\frac{7}{2}} - \dfrac{10}{3}x^{\frac{3}{2}} + C.$

(2) $\int \dfrac{1-2x^2}{1+x^2}\mathrm{d}x = \int \dfrac{-2-2x^2+3}{1+x^2}\mathrm{d}x = -2\int \mathrm{d}x + 3\int \dfrac{\mathrm{d}x}{1+x^2} = 2x + 3\arctan x + C.$

(3) $\int \left(\cos\dfrac{x}{2}+\sin\dfrac{x}{2}\right)^2\mathrm{d}x = \int (1+\sin x)\mathrm{d}x = \int \mathrm{d}x + \int \sin x\mathrm{d}x = x - \cos x + C.$

【注】计算简单的不定积分，有时只需按不定积分的性质和基本公式进行计算；有时需要先利用代数运算或三角恒等变形将被积函数进行整理，然后分项计算. 恒等变形将积商形式的被积函数化为和差形式或标准形式.

二、凑微分法(第一换元积分法)

带有复合函数乘积形式的不定积分常采用凑微分法，下面介绍凑微分法的基本内容.

我们知道：若$\int e^x dx = e^x + C$，则$\int e^{\sin x} d\sin x = e^{\sin x} + C$，$\int e^{x^2} dx^2 = e^{x^2} + C$，从而只要把所求不定积分通过凑微分的方法化为积分表中公式的标准形式，就可求出不定积分.

定理 1

$$\int f[\varphi(x)]\varphi'(x)dx = \int f[\varphi(x)]d\varphi(x) \xlongequal{u=\varphi(x)} \int f(u)du \xlongequal{\text{积分}} F(u) + C \xlongequal{\text{回代}} F[\varphi(x)] + C.$$

【注】 凑微分法充分体现了“把困难留给自己，把方便让给别人”这一高尚美德，以及“我为人人，人人为我”的互助思想。这就是凑微分法的本质所在. 具体说明如下：凑微分法主要用于解决带有复合函数乘积形式的不定积分$\int f[\varphi(x)]\varphi'(x)dx$，则可如下考虑，复合函数$f[\varphi(x)]$称为困难函数，较简单的函数$\varphi'(x)$称为方便函数，把困难函数$f[\varphi(x)]$留下，把方便函数$\varphi'(x)$让给$dx$凑成$d\varphi(x)$(称为凑微分)，从而有$\int f[\varphi(x)]\varphi'(x)dx \xlongequal{\text{凑微分}} \int f[\varphi(x)]d\varphi(x)$，

在$\int f[\varphi(x)]d\varphi(x)$中，把$\varphi(x)$看成一个变量(相当于换元)变成一个较易求的不定积分(一般是基本积分表中有的不定积分形式)，进而

$$\int f[\varphi(x)]d\varphi(x) \xlongequal{\text{积分}} F[\varphi(x)] + C.$$

例 2 求下列不定积分：

(1)$\int \cos x e^{\sin x} dx$；(2)$\int \cos(5x+3)dx$；(3)$\int \frac{\ln^2 x}{x}dx$；

(4)$\int e^x \cos e^x dx$；(5)$\int \frac{a^{\frac{1}{x}}}{x^2}dx$；(6)$\int \frac{1}{\sqrt{x}(1+x)}dx$.

解：

(1)$\int \cos x e^{\sin x} dx = \int e^{\sin x} d\sin x = e^{\sin x} + C$.

(2) $\int \cos(5x+3)\mathrm{d}x = \frac{1}{5}\int \cos(5x+3)\mathrm{d}(5x+3) = \frac{1}{5}\sin(5x+3) + C.$

(3) $\int \frac{\ln^2 x}{x}\mathrm{d}x = \int \ln^2 x \mathrm{d}\ln x = \frac{1}{3}\ln^3 x + C.$

(4) $\int \mathrm{e}^x \cos \mathrm{e}^x \mathrm{d}x = \int \cos \mathrm{e}^x \mathrm{d}\mathrm{e}^x = \sin \mathrm{e}^x + C.$

(5) $\int \frac{a^{\frac{1}{x}}}{x^2}\mathrm{d}x = -\int a^{\frac{1}{x}}\mathrm{d}\left(\frac{1}{x}\right) = -\frac{a^{\frac{1}{x}}}{\ln a} + C.$

(6) $\int \frac{1}{\sqrt{x}(1+x)}\mathrm{d}x = 2\int \frac{1}{1+x}\mathrm{d}(\sqrt{x}) = 2\arctan\sqrt{x} + C.$

【注】凑微分法一般不明显换新变量 u，而是隐换，像上面所做，这样省掉了回代过程，更简便.

常见凑微分的八种形式如下：

(1) $\int f(ax+b)\mathrm{d}x = \frac{1}{a}\int f(ax+b)\mathrm{d}(ax+b)$;

(2) $\int x^{\alpha-1}f(x^\alpha)\mathrm{d}x = \frac{1}{\alpha}\int f(x^\alpha)\mathrm{d}(x^\alpha)$;

(3) $\int \mathrm{e}^x f(\mathrm{e}^x)\mathrm{d}x = \int f(\mathrm{e}^x)\mathrm{d}(\mathrm{e}^x)$;

(4) $\int \frac{f(\ln x)}{x}\mathrm{d}x = \int f(\ln x)\mathrm{d}(\ln x)$;

(5) $\int f(\sin x)\cos x\mathrm{d}x = \int f(\sin x)\mathrm{d}(\sin x)$;

(6) $\int f(\cos x)\sin x\mathrm{d}x = -\int f(\cos x)\mathrm{d}(\cos x)$;

(7) $\int f(\tan x)\sec^2 x\mathrm{d}x = \int f(\tan x)\mathrm{d}(\tan x)$;

(8) $\int f(\sec x)\sec x \tan x\mathrm{d}x = \int f(\sec x)\mathrm{d}(\sec x)$.

例 3　求下列不定积分：

(1) $\int \tan x\mathrm{d}x$;　　(2) $\int \cot x\mathrm{d}x$;　　(3) $\int \frac{1}{\sqrt{a^2-x^2}}\mathrm{d}x\,(a>x)$;

(4) $\int \frac{1}{a^2+x^2}\mathrm{d}x(a>0)$；　　(5) $\int \frac{1}{a^2-x^2}\mathrm{d}x(a>0)$；

(6) $\int \sec x\mathrm{d}x$；　　(7) $\int \csc x\mathrm{d}x$.

解：

(1) $\int \tan x\mathrm{d}x=\int \frac{\sin x}{\cos x}\mathrm{d}x=-\int \frac{1}{\cos x}\mathrm{d}\cos x=-\ln|\cos x|+C$.

(2) $\int \cot x\mathrm{d}x=\int \frac{\cos x}{\sin x}\mathrm{d}x=\int \frac{1}{\sin x}\mathrm{d}\sin x=\ln|\sin x|+C$.

(3) $\int \frac{1}{\sqrt{a^2-x^2}}\mathrm{d}x=\frac{1}{a}\int \frac{1}{\sqrt{1-(\frac{x}{a})^2}}\mathrm{d}x=\int \frac{1}{\sqrt{1-(\frac{x}{a})^2}}\mathrm{d}\frac{x}{a}=\arcsin\frac{x}{a}+C$.

(4) $\int \frac{1}{a^2+x^2}\mathrm{d}x=\frac{1}{a^2}\int \frac{1}{1+(\frac{x}{a})^2}\mathrm{d}x=\frac{1}{a}\int \frac{1}{1+(\frac{x}{a})^2}\mathrm{d}\frac{x}{a}=\frac{1}{a}\arctan\frac{x}{a}+C$.

(5) $\int \frac{1}{a^2-x^2}\mathrm{d}x=\frac{1}{2a}\int (\frac{1}{a-x}+\frac{1}{a+x})\mathrm{d}x=\frac{1}{2a}[\int \frac{1}{a+x}\mathrm{d}(x+1)-\int \frac{1}{a-x}\mathrm{d}(a-x)]$

$=\frac{1}{2a}\ln\left|\frac{a+x}{a-x}\right|+C$.

(6) $\int \sec x\mathrm{d}x=\int \frac{\sec x(\sec x+x)}{\sec x+\tan x}\mathrm{d}x=\int \frac{1}{\sec x+\tan x}\mathrm{d}(\sec x+\tan x)$

$=\ln|\sec x+\tan x|+C$.

(7) $\int \csc x\mathrm{d}x=\int \frac{\csc x(\csc x-\cot x)}{\csc x-\cot x}\mathrm{d}x$

$=\int \frac{1}{\csc x-\cot x}\mathrm{d}(\csc x-\cot x)=\ln|\csc x-\cot x|+C$.

【注】

(1) 由例 3 可知有些不定积分需先变形再凑微分．

(2) 例 3 的结果要记下来，今后可直接使用，称为补充积分表．

例 4　求下列不定积分：

(1) $\int \frac{x}{x^2+2x+5}\mathrm{d}x$；　　(2) $\int \sin^2 x\cos^3 x\mathrm{d}x$；　　(3) $\int \cos^4 x\mathrm{d}x$.

解：

(1) $\int \frac{x}{x^2+2x+5}\mathrm{d}x = \int \frac{x+1-1}{x^2+2x+5}\mathrm{d}x = \int \frac{x+1}{x^2+2x+5}\mathrm{d}x - \int \frac{1}{x^2+2x+5}\mathrm{d}x$

$= \frac{1}{2}\int \frac{1}{x^2+2x+5}\mathrm{d}(x^2+2x+5) - \int \frac{1}{2^2+(x+1)^2}\mathrm{d}(x+1)$

$= \frac{1}{2}\ln(x^2+2x+5) - \frac{1}{2}\arctan\frac{x+1}{2} + C.$

(2) $\int \sin^2 x\cos^3 x\mathrm{d}x = \int \sin^2 x(1-\sin^2 x)\mathrm{d}\sin x = \int \sin^2 x\mathrm{d}\sin x - \int \sin^4 x\mathrm{d}\sin x$

$= \frac{1}{3}\sin^3 x - \frac{1}{5}\sin^5 x + C.$

(3) $\int \cos^4 x\mathrm{d}x = \int (\frac{1+\cos 2x}{2})^2\mathrm{d}x = \frac{1}{4}\int (\frac{3}{2}+2\cos 2x+\frac{\cos 4x}{2})\mathrm{d}x$

$= \frac{1}{4}[\int \frac{3}{2}\mathrm{d}x + \int \cos 2x\mathrm{d}(2x) + \frac{1}{8}\int \cos 4x\mathrm{d}(4x)] = \frac{3}{8}x + \frac{1}{4}\sin 2x + \frac{1}{32}\sin 4x + C.$

【注】 凑微分是求不定积分的重要方法，尽管有一些规律可循，但在具体应用时，却十分灵活，因此应通过多做习题来积累经验，熟悉技巧，才能熟练掌握.

三、分部积分法

到现在为止，一些形式非常简单的不定积分我们还不会求，例如，$\int \ln x\mathrm{d}x$，$\int \arcsin x\mathrm{d}x$，$\int xe^x\mathrm{d}x$ 等，它们的特点是被积函数为一般乘积形式，这种被积函数为一般乘积形式的不定积分常用分部积分法．下面就介绍分部积分法．

定理 2　设 $u(x)$，$v(x)$ 具有连续导数，则 $\int u(x)\mathrm{d}v(x) = u(x)v(x) - \int v(x)\mathrm{d}u(x)$

证明： 因为 $[u(x)v(x)]' = u'(x)v(x) + u(x)v'(x)$

所以 $\int [u(x)v(x)]'\mathrm{d}x = \int u'(x)v(x)\mathrm{d}x + \int u(x)v'(x)\mathrm{d}x$

则 $u(x)v(x)=\int v(x)\mathrm{d}u(x)+\int u(x)\mathrm{d}v(x)\Rightarrow\int u(x)\mathrm{d}v(x)=u(x)v(x)-\int v(x)\mathrm{d}u(x)$

【注】

(1) 公式 $\int u(x)\mathrm{d}v(x)=u(x)v(x)-\int v(x)\mathrm{d}u(x)$ 称为分部积分公式.

(2) 使用分部积分公式要注意 $\int v(x)\mathrm{d}u(x)$ 比 $\int u(x)\mathrm{d}v(x)$ 容易求.

例 5 求下列不定积分:

(1) $\int \ln x\mathrm{d}x$;　　(2) $\int \arcsin x\mathrm{d}x$;　　(3) $\int \arctan x\mathrm{d}x$.

解:

(1) $\int \ln x\mathrm{d}x=x\ln x-\int x\,\mathrm{d}\ln x=x\ln x-\int \mathrm{d}x=x\ln x-x+C$.

(2) $\int \arcsin x\mathrm{d}x=x\arcsin x-\int x\mathrm{d}\arcsin x=x\arcsin x-\int \frac{x}{\sqrt{1-x^2}}\mathrm{d}x$

$=x\arcsin x+\frac{1}{2}\int \frac{1}{\sqrt{1-x^2}}\mathrm{d}(1-x^2)=x\arcsin x+\sqrt{1-x^2}+C$.

(3) $\int \arctan x\mathrm{d}x=x\arctan x-\int x\mathrm{d}\arctan x=x\arctan x-\int \frac{x}{1+x^2}\mathrm{d}x$

$=x\arctan x-\frac{1}{2}\int \frac{1}{1+x^2}\mathrm{d}(1+x^2)=x\arctan x-\frac{1}{2}\ln(1+x^2)+C$.

例 6 求下列不定积分:

(1) $\int x\ln x\mathrm{d}x$;　　(2) $\int x\mathrm{e}^x\mathrm{d}x$;　　(3) $\int x\cos x\mathrm{d}x$.

解:

(1) $\int x\ln x\mathrm{d}x=\frac{1}{2}\int \ln x\mathrm{d}x^2=\frac{1}{2}[x^2\ln x-\int x^2\mathrm{d}\ln x]$

$=\frac{1}{2}[x^2\ln x-\int x\mathrm{d}x]=\frac{1}{4}x^2(2\ln x-1)+C$.

(2) $\int x\mathrm{e}^x\mathrm{d}x=\int x\mathrm{d}\mathrm{e}^x=x\mathrm{e}^x-\int \mathrm{e}^x\mathrm{d}x=x\mathrm{e}^x-\mathrm{e}^x+C$.

(3) $\int x\cos x\mathrm{d}x=\int x\mathrm{d}\sin x=x\sin x-\int \sin x\mathrm{d}x=x\sin x+\cos x+C$.

【注】

分部积分法主要解决被积函数为一般乘积形式的不定积分，其主要工具是分部积分公式，$\int u(x)v'(x)\mathrm{d}x=\int u(x)\mathrm{d}v(x)=u(x)v(x)-\int v(x)\mathrm{d}u(x)$，这就是说分部积分法的主要思想是把一个较困难的不定积分$\int u(x)v'(x)\mathrm{d}x$分成两个部分$u(x)v(x)$和$\int v(x)\mathrm{d}u(x)$，且不定积分$\int v(x)\mathrm{d}u(x)=\int v(x)u'(x)\mathrm{d}x$易求.

由分部积分公式可知使用分部积分法求不定积分的难点在于$u(x)v'(x)$中如何区分$u(x)$和$v'(x)$，也就是$v'(x)$的确定问题. 这个难点的解决可采取如下方法，分部积分法主要适用于被积函数为以下几类函数乘积的不定积分：指数函数类（家里人）；三角函数类$\sin x$，$\cos x$（对门）；幂函数类x^n（近邻）；对数函数类和反三角函数类$\ln x$，$\arcsin x$（远亲）。可按照“家里人”，“对门”，“近邻”，“远亲”的顺序优先选择$v'(x)$，把$\int u(x)v'(x)\mathrm{d}x$凑成$\int u(x)\mathrm{d}v(x)$的形式，再套用分部积分公式即可. 记忆口诀为：“远亲不如近邻，近邻不如对门，对门不如家里人”.

例 7　求下列不定积分：

(1) $\int x^2\mathrm{e}^x\mathrm{d}x$；　　(2) $\int \mathrm{e}^x\sin x\mathrm{d}x$；　　(3) $\int \sec^3 x\mathrm{d}x$.

解：

(1) $\int x^2\mathrm{e}^x\mathrm{d}x=\int x^2\mathrm{d}\mathrm{e}^x=x^2\mathrm{e}^x-\int \mathrm{e}^x\mathrm{d}x^2=x^2\mathrm{e}^x-\int 2x\mathrm{e}^x\mathrm{d}x$

$=x^2\mathrm{e}^x-2\int x\mathrm{d}\mathrm{e}^x=x^2\mathrm{e}^x-2[x\mathrm{e}^x-\int \mathrm{e}^x\mathrm{d}x]=\mathrm{e}^x(x^2-2x+2)+C.$

(2) $\int \mathrm{e}^x\sin x\mathrm{d}x=\int \sin x\mathrm{d}\mathrm{e}^x=\mathrm{e}^x\sin x-\int \mathrm{e}^x\mathrm{d}\sin x=\mathrm{e}^x\sin x-\int \mathrm{e}^x\cos x\mathrm{d}x$

$=\mathrm{e}^x\sin x-\int \cos x\mathrm{d}\mathrm{e}^x=\mathrm{e}^x\sin x-[\mathrm{e}^x\cos x-\int \mathrm{e}^x\mathrm{d}\cos x]$

$=\mathrm{e}^x\sin x-\mathrm{e}^x\cos x-\int \mathrm{e}^x\sin x\mathrm{d}x\Rightarrow\int \mathrm{e}^x\sin x\mathrm{d}x=\frac{1}{2}\mathrm{e}^x(\sin x-\cos x)+C.$

(3) $\int \sec^3 x\mathrm{d}x=\int \sec x\mathrm{d}\tan x=\sec x\tan x-\int \tan x\mathrm{d}\sec x=\sec x\tan x-\int \sec x\tan^2 x\mathrm{d}x$

$$= \sec x\tan x - \int \sec^3 x\mathrm{d}x + \int \sec x\mathrm{d}x \Rightarrow \int \sec^3 x\mathrm{d}x = \frac{1}{2}(\sec x\tan x + \int \sec x\mathrm{d}x)$$

$$\Rightarrow \int \sec^3 x\mathrm{d}x = \frac{1}{2}(\sec x\tan x + \ln|\sec x + \tan x|) + C.$$

【注】 有些不定积分需多次使用分部积分公式，在积分中出现原来的被积分函数再移项，合并解方程，方可得出结果，而且要记住，移项之后，右端补加积分常数 C.

四、换元积分法（第二换元积分法）

形如 $\int \sqrt{1 - x^2}\mathrm{d}x$，$\int \frac{1}{\sqrt{1 + x^2}}\mathrm{d}x$，$\int \frac{1}{\sqrt{x} + \sqrt[3]{x}}\mathrm{d}x$ 的不定积分，由前三种方法不能解决，它们的特点是被积函数带根号且不能凑微分，求这种不定积分常用换元积分法，换元的主要目的是去根号. 下面就介绍换元积分法.

定理 3 设 $x = \varphi(t)$ 是单调可导函数，且 $f[\varphi(t)]\varphi'(t)$ 具有原函数，则

$$\int f(x)\mathrm{d}x \xlongequal{x = \varphi(t)} \int f[\varphi(t)]\varphi'(t)\mathrm{d}t = F(t) + C \xlongequal{t = \varphi^{-1}(x)} F[\varphi^{-1}(x)] + C$$

证明：

因为 $\{F[\varphi^{-1}(x)]\}' = F'[\varphi^{-1}(x)][\varphi^{-1}(x)]' = f\{\varphi[\varphi^{-1}(x)]\}\varphi'(t)\frac{1}{\varphi'(t)} = f(x)$，

所以定理 3 成立.

例 8 求下列不定积分：

(1) $\int \frac{1}{1 + \sqrt{1 + x}}\mathrm{d}x$； (2) $\int \frac{1}{\sqrt{x} + \sqrt[3]{x}}\mathrm{d}x$；

(3) $\int \frac{x^2}{\sqrt{1 - x^2}}\mathrm{d}x$； (4) $\int \frac{1}{\sqrt{1 + x^2}}\mathrm{d}x$.

解：

(1) 令 $\sqrt{1 + x} = t$，则 $x = t^2 - 1$，$\mathrm{d}x = 2t\mathrm{d}t$，于是

$$\int \frac{1}{1 + \sqrt{1 + x}}\mathrm{d}x = \int \frac{2t}{1 + t}\mathrm{d}t = 2\int \frac{t + 1 - 1}{1 + t}\mathrm{d}t = 2[\int \mathrm{d}t - \int \frac{\mathrm{d}t}{1 + t}] = 2t - 2\ln|1 + t| + C$$

$= 2\sqrt{1+x} - 2\ln\left|1+\sqrt{1+x}\right| + C.$

（2）令$\sqrt[6]{x} = t$，则 $x = t^6$，$dx = 6t^5 dt$，$\sqrt[3]{x} = t^2$，$\sqrt{x} = t^3$，于是

$$\int \frac{1}{\sqrt{x}+\sqrt[3]{x}} dx = \int \frac{6t^5}{t^3+t^2} dt = 6\int \frac{t^3}{1+t} dt = 6\int \frac{t^3+1-1}{1+t} dt$$

$$= 6\int (t^2 - t + 1 - \frac{1}{1+t}) dt = 2t^3 - 3t^2 + 6t - 6\ln(1+t) + C$$

$$= 2\sqrt{x} - 3\sqrt[3]{x} + 6\sqrt[6]{x} - 6\ln(1+\sqrt[6]{x}) + C.$$

（3）设 $x = \sin t$，$\sqrt{1-x^2} = \cos t$，$dx = \cos t dt$，于是

$$\int \frac{x^2}{\sqrt{1-x^2}} dx = \int \frac{\sin^2 t \cos t}{\cos t} dt$$

$$= \int \sin^2 t dt = \int \frac{1-\cos 2t}{2} dt$$

$$= \frac{1}{2}\int dt - \frac{1}{4}\int \cos 2t d(2t)$$

$$= \frac{1}{2}t - \frac{1}{4}\sin 2t + C = \frac{1}{2}t - \frac{1}{2}\sin t\cos t + C$$

$$= \frac{1}{2}\arcsin x - \frac{x}{2}\sqrt{1-x^2} + C.$$

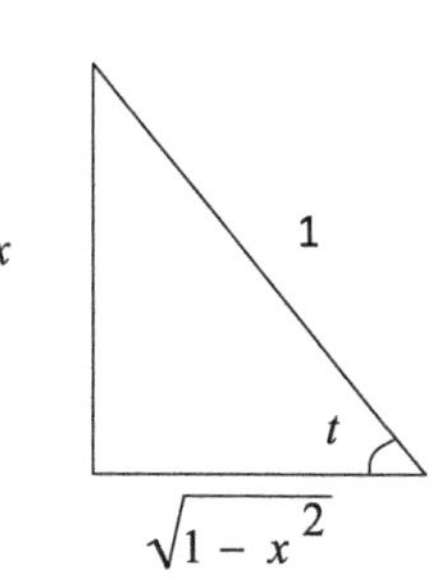

（4）设 $x = \tan t$，$\sqrt{1+x^2} = \sec t$，$dx = \sec^2 t dt$，于是

$$\int \frac{1}{\sqrt{1+x^2}} dx = \int \frac{\sec^2 t}{\sec t} dt = \int \sec t dt = \ln|\sec t + \tan t| + C = \ln(\sqrt{1+x^2} + x) + C.$$

【注】

（1）第二换元法常用于消去根号，但有时也用于某些多项式，像$\int \frac{1}{(x^2+a^2)^2} dx$也可用函数的三角代换求出结果．

(2) 通常

当被积分函数含有根式$\sqrt{a^2-x^2}$时，可令 $x=a\sin t$.

当被积分函数含有根式 $\sqrt{a^2+x^2}$ 时，可令 $x=a\tan t$.

当被积分函数含有根式$\sqrt{x^2-a^2}$ 时，可令 $x=a\sec t$.

(3) 三角换元回代时常借助直角三角形.

五、 学法建议

1. 本节的重点是换元积分法与分部积分法. 难点是第一换元积分法（凑微分法），既基本又灵活，必须多下功夫，除了熟记积分基本公式外，还要熟记一些常用的微分关系式. 如 $e^x dx = d(e^x)$，$\frac{1}{x}dx = d(\ln x)$，$\frac{1}{2\sqrt{x}}dx = d(\sqrt{x})$，$\sin x dx = -d(\cos x)$，$\sec^2 x dx = d(\tan x)$ 等.

2. 不定积分计算要根据被积函数的特征灵活运用积分方法. 在具体的问题中，常常是各种方法综合使用。如

$\int(\arcsin x)^2dx$，先换元，令$t=\arcsin x$，有$\int(\arcsin x)^2dx=\int t^2\cos t dt$再用分部积分法即可. 本题也可直接多次使用分部积分公式.

习题 4-2

1. 求下列不定积分：

(1) $\int\frac{\sqrt{x}-2\sqrt[3]{x}+1}{\sqrt[4]{x}}dx$；　　(2) $\int(1-\frac{1}{x^2})\sqrt{x\sqrt{x}}dx$.

2. 求下列不定积分：

(1) $\int\sqrt[3]{1-3x}dx$；　　(2) $\int\frac{e^{\sqrt{x}}}{\sqrt{x}}dx$；　　(3) $\int\frac{1}{x(x^{10}+1)}dx$；

(4) $\int\frac{\cos x}{\sqrt{2+\cos 2x}}dx$；　　(5) $\int\frac{x^3}{x^8-2}dx$；　　(6) $\int\frac{x}{\sqrt{x^2-1}}dx$.

3. 求下列不定积分：

(1) $\int \sqrt{x}\ln^2 x\mathrm{d}x$；　　(2) $\int (\frac{\ln x}{x})^2\mathrm{d}x$.

4. 求下列不定积分：

(1) $\int \frac{\sqrt{\ln(x+\sqrt{1+x^2})}}{\sqrt{1+x^2}}\mathrm{d}x$；　　(2) $\int \frac{x^{14}}{(x^5+1)^4}\mathrm{d}x$；

(3) $\int \frac{x^3}{\sqrt{1+x^2}}\mathrm{d}x$；　　(4) $\int \frac{\ln x}{x\sqrt{1+\ln x}}\mathrm{d}x$；

(5) $\int \sec x\tan^5 x\mathrm{d}x$；　　(6) $\int \frac{x^2}{(1-x)^{100}}\mathrm{d}x$；

(7) $\int \frac{x^2+1}{x^4+1}\mathrm{d}x$.

习题 4-2 答案与提示

1. (1) $\frac{4}{5}x^{\frac{5}{4}}-\frac{24}{13}x^{\frac{13}{12}}+\frac{4}{3}x^{\frac{3}{4}}+C$.　　(2) $\frac{4}{7}x^{\frac{7}{4}}+4x^{-\frac{1}{4}}+C$.

2. (1) $-\frac{1}{4}(1-3x)^{\frac{4}{3}}+C$.　　(2) $2e^{\sqrt{x}}+C$.

(3) $\frac{1}{10}\ln\frac{x^{10}}{x^{10}+1}+C$.　　(4) $\frac{1}{\sqrt{2}}\arcsin(\sqrt{\frac{2}{3}}\sin x)+C$.

(5) $-\frac{1}{8\sqrt{2}}\ln\left|\frac{\sqrt{2}+x^4}{\sqrt{2}-x^4}\right|+C$.　　(6) $\sqrt{x^2-1}+C$.

3. (1) $\frac{2}{3}x^{\frac{3}{2}}\ln^2 x-\frac{8}{9}x^{\frac{3}{2}}\ln x-\frac{16}{27}x^{\frac{3}{2}}+C$. (2) $-\frac{1}{x}\ln^2 x-\frac{2}{x^2}\ln x-\frac{2}{x}+C$.

4. (1) $\frac{2}{3}[\ln(x+\sqrt{1+x^2})]^{\frac{3}{2}}+C$.　　(2) $-\frac{3x^{10}+3x^5+1}{15(x^5+1)^3}+C$.

(3) $\frac{1}{3}(1+x^2)^{\frac{3}{2}}-\sqrt{1+x^2}+C$.　　(4) $\frac{2}{3}(1+\ln x)^{\frac{3}{2}}-2\sqrt{1+\ln x}+C$.

(5) $\frac{1}{5}\sec^5 x - \frac{2}{3}\sec^3 x + \sec x + C$.

(6) $-\frac{1}{97}(x-1)^{-97} - \frac{1}{49}(x-1)^{-98} - \frac{1}{99}(x-1)^{-99} + C$.

(7) $\frac{1}{\sqrt{2}}\arctan\frac{x^2-1}{\sqrt{2}x} + C$.

第三节　微分方程简介

在实际问题中，往往很难直接得到所研究的变量之间的函数关系，却比较容易建立起这些变量与它们的导数或微分之间的联系，从而得到一个关于未知函数的导数或微分的方程，即微分方程. 本节主要介绍微分方程的一些基本概念和常见的微分方程的求解方法.

一、微分方程的有关概念

定义 1　含有未知函数的导数或微分的方程称为微分方程. 微分方程中出现的未知函数的最高阶导数的阶数称为微分方程的阶. 未知函数是一元函数的微分方程称为常微分方程. 常用 $F(x, y, y', \cdots, y^{(n)}) = 0$ 表示一个 n 阶常微分方程，简称为 n 阶微分方程或 n 阶方程.

例如：$y' = 2x$ 是一阶微分方程，$s''(t) = g$ 是二阶微分方程.

定义 2　若函数 $y = f(x)$ 代入方程 $F(x, y, y', \cdots, y^{(n)}) = 0$ 后等式成立，则称函数 $y = f(x)$ 是微分方程 $F(x, y, y', \cdots, y^{(n)}) = 0$ 的解.

例如：$y = x^2$ 和 $y = x^2 + C$ 都是方程 $y' = 2x$ 的解；$s(t) = \frac{1}{2}gt^2$ 和 $s(t) = \frac{1}{2}gt^2 + C_1 t + C_2$ 都是方程 $s''(t) = g$ 的解. 这里 C，C_1，C_2 均为任意常数.

定义 3　若 n 阶微分方程 $F(x, y, y', \cdots, y^{(n)}) = 0$ 的解中含有 n 个独立的的任意常数，则称这个解为 n 阶微分方程 $F(x, y, y', \cdots, y^{(n)}) = 0$ 的通解；不含任意常数的解称为微分方程的特解；在通解中确定特解的条件称为初始条件.

【注】

（1）通解中 n 个独立的任意常数是指它们不能通过合并而使得通解中的任意常数的个数减少 .

（2）常用 $\varphi(x, y, C_1, \cdots, C_n)=0$ 表示 n 阶微分方程 $F(x, y, y', \cdots, y^{(n)})=0$ 的通解 .

（3）一阶方程 $F(x, y, y')=0$ 的初始条件为 $y|_{x=x_0}=y_0$；二阶方程 $F(x, y, y', y'')=0$ 的初始条件为 $y|_{x=x_0}=y_0$，$y'|_{x=x_0}=y'_0$.

例 1　验证函数 $y=(x^2+C)\sin x$（C 为任意常数）是方程 $y'-y\cot x-2x\sin x=0$ 的通解，并求满足初始条件 $y|_{x=\frac{\pi}{2}}=0$ 的特解 .

解：因为 $y'=(x^2+C)'\sin x+(\sin x)'(x^2+C)=2x\sin x+\cos x(x^2+C)$，

$y'-y\cot x-2x\sin x=2x\sin x+\cos x(x^2+C)-(x^2+C)\sin x\cot x-2x\sin x=0$，

所以 $y=(x^2+C)\sin x$（C 为任意常数）是方程 $y'-y\cot x-2x\sin x=0$ 的通解 .

因为 $y|_{x=\frac{\pi}{2}}=0$，所以 $C=-\dfrac{\pi^2}{4}$，特解为 $y=(x^2-\dfrac{\pi^2}{4})\sin x$.

二、可分离变量的微分方程

定义 4　可以化为 $\dfrac{dy}{dx}=f(x)g(y)$ 形式的一阶微分方程，称为可分离变量的微分方程 .

可分离变量的微分方程的解法：

（1）分离变量方程化为 $\dfrac{dy}{g(y)}=f(x)dx$；

（2）两边积分 $\int\dfrac{dy}{g(y)}=\int f(x)dx$ 得通解 $\varphi(x, y, C)=0$.

例 2　求微分方程 $y'=e^{2x-3y}$ 的通解 .

解：分离变量，方程 $y'=e^{2x-3y}$ 化为 $e^{3y}dy=e^{2x}dx$，

两边积分 $\int e^{3y}dy=\int e^{2x}dx\Rightarrow\dfrac{1}{3}\int e^{3y}d3y=\dfrac{1}{2}\int e^{2x}d2x$，

得通解 $2e^{3y}=3e^{2x}+C$.

例 3 求微分方程 $y' = 2xy$ 满足初始条件 $y\big|_{x=0} = 1$ 的特解.

解：分离变量，方程 $y' = 2xy$ 化为 $\frac{dy}{y} = 2xdx$，

两边积分 $\int \frac{dy}{y} = \int 2xdx \Rightarrow \ln|y| = x^2 + C_1 \Rightarrow y = Ce^{x^2}$，

得通解为 $y = Ce^{x^2}$. 又 $y|_{x=0} = 1$，所以 $C = 1$，则特解为 $y = e^{x^2}$.

例 4 某曲线过点 (0, 1)，且曲线上任一点处的切线垂直于此点与原点的连线，求此曲线方程.

解：设曲线方程为 $y = f(x)$，则 $y' \frac{y}{x} = -1$，即 $y' = -\frac{x}{y}$.

所求曲线方程就是微分方程 $y' = -\frac{x}{y}$ 满足初始条件 $y\big|_{x=0} = 1$ 的特解.

分离变量，方程 $y' = -\frac{x}{y}$ 化为 $ydy = -xdx$，

两边积分 $\int ydy = -\int xdx \Rightarrow x^2 + y^2 = C$.

又 $y\big|_{x=0} = 1$，所以 $C = 1$，则所求曲线方程为 $x^2 + y^2 = 1$.

三、一阶线性微分方程

定义 5 形如 $y' + P(x)y = Q(x)$ 的方程称为一阶线性微分方程. 特别当 $Q(x) \equiv 0$ 时，方程称为一阶线性齐次微分方程；$Q(x) \not\equiv 0$ 时，方程称为一阶线性非齐次微分方程.

定理 1 一阶齐次线性微分方程 $y' + P(x)y = 0$ 的通解为 $y = Ce^{-\int P(x)dx}$.

证明：分离变量，方程 $y' + P(x)y = 0$ 化为 $\frac{dy}{y} = -P(x)dx$，

两边积分 $\int \frac{dy}{y} = -\int P(x)dx \Rightarrow \ln|y| = -\int P(x)dx + C_1 \Rightarrow y = \pm e^{C_1}e^{-\int P(x)dx}$，

所以通解为 $y = Ce^{-\int P(x)dx}$，其中 $C = \pm e^{C_1}$.

定理 2 一阶非齐次线性微分方程 $y' + P(x)y = Q(x)$ 的通解为

$$y = Ce^{-\int P(x)\mathrm{d}x} + \mathrm{e}^{-\int P(x)\mathrm{d}x} \cdot \int Q(x)\mathrm{e}^{\int P(x)\mathrm{d}x}\mathrm{d}x .$$

证明：代入后直接验证即可 .

【注】

(1) $y = Ce^{-\int P(x)\mathrm{d}x}$ 是 $y' + P(x)y = 0$ 的通解，$y = \mathrm{e}^{-\int P(x)\mathrm{d}x} \cdot \int Q(x)\mathrm{e}^{\int P(x)\mathrm{d}x}\mathrm{d}x$ 是 $y' + P(x)y = Q(x)$ 的一个特解，即：一阶非齐次线性微分方程的通解是对应的齐次线性微分方程的通解与本身一个特解之和 .

(2) $y' + P(x)y = Q(x)$ 的通解公式 $y = Ce^{-\int P(x)\mathrm{d}x} + e^{-\int P(x)\mathrm{d}x} \cdot \int Q(x)e^{\int P(x)\mathrm{d}x}\mathrm{d}x$ 记忆比较困难，常采用常数变易法求 $y' + P(x)y = Q(x)$ 的通解，步骤如下：① 求 $y' + P(x)y = 0$ 的通解 $y = Ce^{-\int P(x)\mathrm{d}x}$；② 令 $y = C(x)e^{-\int P(x)\mathrm{d}x}$ 是 $y' + P(x)y = Q(x)$ 的解，代入后求出 $C(x)$ 即可 .

例 5　求微分方程 $y' + \frac{1}{x}y = \frac{\sin x}{x}$ 的通解 .

解：方程 $y' + \frac{1}{x}y = 0$ 的通解为 $y = Ce^{-\int \frac{1}{x}\mathrm{d}x} = \frac{C}{x}$.

令 $y = \frac{C(x)}{x}$ 是 $y' + \frac{1}{x}y = \frac{\sin x}{x}$ 的解，则 $y' = \frac{xC'(x) - C(x)}{x^2}$，代入得 $C'(x) = \sin x$，

所以 $C(x) = -\cos x + C$，从而原方程通解为 $y = \frac{1}{x}(-\sin x + C)$.

例 6　求微分方程 $y' + y = \mathrm{e}^{-x}$ 满足初始条件 $y\big|_{x=0} = 1$ 的特解 .

解：方程 $y' + y = 0$ 的通解为 $y = Ce^{-\int \mathrm{d}x} = Ce^{-x}$.

令 $y = C(x)\mathrm{e}^{-x}$ 是 $y' + y = \mathrm{e}^{-x}$ 的解，则 $y' = C'(x)\mathrm{e}^{-x} - \mathrm{e}^{-x}C(x)$，代入得 $C'(x) = 1$，所以 $C(x) = x + C$，从而原方程通解为 $y = \mathrm{e}^{-x}(x + C)$. 又 $y\big|_{x=0} = 1$，则 $C = 1$.

所求特解为 $y = \mathrm{e}^{-x}(x + 1)$.

四、二阶线性微分方程解的结构

定义 6　形如 $y'' + P(x)y' + Q(x)y = f(x)$ 的方程称为二阶线性微分方程 . 特

别当$f(x) \equiv 0$时，方程称为二阶齐次线性微分方程；$f(x) \neq 0$时，方程称为二阶非齐次线性微分方程.

定理3 设函数$y_1(x)$，$y_2(x)$是方程$y''+P(x)y'+Q(x)y=0$的两个不成比例的解，那么$y=C_1y_1(x)+C_2y_2(x)$是方程$y''+P(x)y'+Q(x)y=0$的通解，其中C_1，C_2是任意常数.

证明：由$[C_1y_1(x)+C_2y_2(x)]''+P(x)[C_1y_1(x)+C_2y_2(x)]'+Q(x)[C_1y_1(x)+C_2y_2(x)]$

$=C_1[y_1''(x)+P(x)y_1'(x)Q(x)y_1(x)]+C_2[y_2''(x)+P(x)y_2'(x)+Q(x)y_2(x)]=0$,

知$y=C_1y_1(x)+C_2y_2(x)$是$y''+P(x)y'+Q(x)y=0$的解，又$y_1(x)$，$y_2(x)$不成比例，则C_1，C_2独立，所以$y=C_1y_1(x)+C_2y_2(x)$是通解.

定理4 设函数$y_1(x)$，$y_2(x)$是方程$y''+P(x)y'+Q(x)y=0$的两个不成比例的解，$y^*(x)$是$y''+P(x)y'+Q(x)y=f(x)$的一个特解，那么$y=C_1y_1(x)+C_2y_2(x)+y^*(x)$是方程$y''+P(x)y'+Q(x)y=f(x)$的通解，其中$C_1$，$C_2$是任意常数.

证明：容易验证$y=C_1y_1(x)+C_2y_2(x)+y^*(x)$是$y''+P(x)y'+Q(x)y=f(x)$的解，又解中含有两个独立的任意常数，所以$y=C_1y_1(x)+C_2y_2(x)+y^*(x)$是通解.

【注】 由定理3和定理4可知只要找到$y''+P(x)y'+Q(x)y=0$的两个不成比例的解，就找到了$y''+P(x)y'+Q(x)y=0$的通解，再找到
$y''+P(x)y'+Q(x)y=f(x)$的一个特解，就找到了$y''+P(x)y'+Q(x)y=f(x)$的通解.

五、二阶常系数齐次线性微分方程

定义7 形如$y''+py'+qy=0$的方程，其中p，q为常数，称为二阶常系数齐次线性微分方程.称一元二次方程$r^2+pr+q=0$为微分方程$y''+py'+qy=0$的特征方程.

定理5 对二阶常系数齐次线性微分方程$y''+py'+qy=0$

(1) 若其特征方程$r^2+pr+q=0$有两个不等实根$r_1 \neq r_2$，则$y''+py'+qy=0$的通解为$y=C_1e^{r_1x}+C_2e^{r_2x}$；

（2）若其特征方程 $r^2+pr+q=0$ 有两个相等实根 $r_1=r_2=r$，则 $y''+py'+qy=0$ 的通解为 $y=(C_1+C_2x)e^{rx}$；

（3）若其特征方程 $r^2+pr+q=0$ 有两个共轭复根 $\alpha\pm\beta i$，则 $y''+py'+qy=0$ 的通解为 $y=(C_1\cos\beta x+C_2\sin\beta x)e^{\alpha x}$.

证明：

（1）因为 $(e^{r_1x})''+p(e^{r_1x})'+q(e^{r_1x})=(r_1^{\ 2}+pr_1+q)e^{r_1x}=0$，所以 $y=e^{r_1x}$ 是方程 $y''+py'+qy=0$ 的解，同理 $y=e^{r_2x}$ 是方程 $y''+py'+qy=0$ 的解．又 $\dfrac{e^{r_1x}}{e^{r_2x}}=e^{(r_1-r_2)x}$ 非常数，则 $y=C_1e^{r_1x}+C_2e^{r_2x}$ 为通解．

（2）同（1）可知，$y=e^{rx}$ 和 $y=xe^{rx}$ 是方程 $y''+py'+qy=0$ 的不成比例的两个解，则 $y=(C_1+C_2x)e^{rx}$ 为方程 $y''+py'+qy=0$ 的通解．

（3）证明要用到欧拉公式，这里从略．

例 7　求下列微分方程的通解：

(1) $y''+2y'-3y=0$；　(2) $y''+2y'+y=0$；　(3) $y''+2y'+3y=0$.

解：

（1）特征方程 $r^2+2r-3=0$ 的根为 $r_1=-3$，$r_2=1$，

方程 $y''+2y'-3y=0$ 的通解为 $y=C_1e^{-3x}+C_2e^{x}$.

（2）特征方程 $r^2+2r+1=0$ 的根为 $r_1=r_2=-1$，

方程 $y''+2y'+y=0$ 的通解为 $y=(C_1+C_2x)e^{-x}$．

（3）特征方程 $r^2+2r+3=0$ 的根为 $r_{12}=-1\pm\sqrt{2}i$，

方程 $y''+2y'+3y=0$ 的通解为 $y=(C_1\cos\sqrt{2}x+C_2\sin\sqrt{2}x)e^{-x}$.

六、二阶常系数非齐次线性微分方程

定义 7　形如 $y''+py'+qy=f(x)$ 的方程，其中 p，q 为常数且 $f(x)$ 不恒为零，称为二阶常系数非齐次线性微分方程．

对二阶常系数非齐次线性微分方程 $y''+py'+qy=f(x)$，由二阶线性微分方程解的结构可知，只需求出 $y''+py'+qy=0$ 的通解，再求出 $y''+py'+qy=f(x)$ 的一个特解 $y^*(x)$ 即可．而 $y''+py'+qy=0$ 的通解已经解决，所以关键是如何求

$y''+py'+qy=f(x)$ 的一个特解.

下面介绍 $f(x)$ 取两种常见形式时求 $y^*(x)$ 的方法:

(1) $f(x)=P_m(x)e^{\lambda x}$，其中 λ 是常数, $P_m(x)$ 是 x 的一个 m 次多项式:

$P_m(x)=a_0x^m+a_1x^{m-1}+\cdots+a_{m-1}x+a_m$;

(2) $f(x)=e^{\alpha x}[P_l(x)cos\ \beta x+P_n(x)sin\ \beta x]$，其中 α, β 是常数, $P_l(x)$、$P_n(x)$ 分别是 x 的 l 次、n 次多项式.

定理 6 若 $f(x)=P_m(x)e^{\lambda x}$ 则二阶常系数非齐次线性微分方程 $y''+py'+qy=f(x)$ 必有特解 $y^*(x)=x^kQ_m(x)e^{\lambda x}$，其中 $Q_m(x)$ 是与 $P_m(x)$ 同次（m 次）的多项式，而 k 按 λ 不是特征方程的根、是特征方程的单根或是特征方程的重根依次取 0、1 或 2.

证明：令 $Q(x)=x^kQ_m(x)$，则 $y^*(x)=Q(x)e^{\lambda x}$

$y^{*\prime}(x)=Q'(x)e^{\lambda x}+\lambda Q(x)e^{\lambda x}$, $y^{*\prime\prime}(x)=Q''(x)e^{\lambda x}+2\lambda Q'(x)e^{\lambda x}+\lambda^2Q(x)e^{\lambda x}$

代入到方程 $y''+py'+qy=f(x)$ 中并消去 $e^{\lambda x}$，得:

$$Q''(x)+(2\lambda+p)Q'(x)+(\lambda^2+p\lambda+q)Q(x)=P_m(x) \qquad (*)$$

当 λ 不是特征方程的根时, $\lambda^2+p\lambda+q\neq0$, $k=0$,（*）式两端都是 m 次多项式，可用待定系数法确定 $Q_m(x)$.

当 λ 是特征方程的单根时, $\lambda^2+p\lambda+q=0$, $2\lambda+p\neq0$, $k=1$,（*）式两端都是 m 次多项式，可用待定系数法确定 $Q_m(x)$.

当 λ 是特征方程的重根时, $\lambda^2+p\lambda+q=0$, $2\lambda+p=0$, $k=2$（*）式两端都是 m 次多项式，可用待定系数法确定 $Q_m(x)$.

定理 7 若 $f(x)=e^{\alpha x}[P_1(x)cos\ \beta x+P_n(x)cos\ \beta x]$，则二阶常系数非齐次线性微分方程 $y''+py'+qy=f(x)$ 必有特解

$y^*(x)=x^ke^{\alpha x}[R_m^{(1)}(x)cos\ \beta x+R_m^{(2)}(x)cos\ \beta x]$,

其中 $R_m^{(1)}(x)$ 和 $R_m^{(2)}(x)$ 都是 m 次的多项式, $m=\max\{l, n\}$，而 k 按 $\alpha+\beta i$ 不是特征方程的根，是特征方程的单根依次取 0、1.

证明：本定理证明要用到欧拉公式，这里从略.

例 8 求下列微分方程的通解:

(1) $y''-3y'+2y=xe^{2x}$;　(2) $y''+y=x\cos 2x$.

解：

(1) 特征方程 $r^2-3r+2=0$ 的根为 $r_1=2$，$r_2=1$，

方程 $y''-3y'+2y=0$ 的通解为 $y=C_1e^{2x}+C_2e^x$.

下面求 $y''-3y'+2y=xe^{2x}$ 的一个特解 $y^*(x)$.

由于 $\lambda=2$ 是特征方程的单根，应设 $y^*(x)=x(ax+b)e^{2x}$，

$y^{*\prime}(x)=[2ax^2+(2a+2b)x+b]e^{2x}$，$y^{*\prime\prime}(x)=[4ax^2+(8a+4b)x+2a+4b]e^{2x}$，

代入所给方程，得 $2ax+2a+b=x$.

比较等式两边同次幂的系数，得 $\begin{cases}2a=1\\2a+b=0\end{cases}\Rightarrow a=\dfrac{1}{2}$，$b=-1$.

于是原方程的一个特解 $y^*(x)=x(\dfrac{1}{2}x-1)e^{2x}$.

从而原方程的通解为 $y=C_1e^{2x}+C_2e^x+x(\dfrac{1}{2}x-1)e^{2x}$.

(2) 特征方程 $r^2+1=0$ 的根为 $r_{12}=\pm i$，

方程 $y''+y=0$ 的通解为 $y=C_1\cos x+C_2\sin x$.

下面求 $y''+y=x\cos 2x$ 的一个特解 $y^*(x)$.

由于 $\alpha+\beta i=0+2i$ 不是特征方程的根，应设

$y^*(x)=(ax+b)\cos\beta x+(cx+d)\sin\beta x$，

$y^{*\prime}(x)=(2cx+a+2d)\cos 2x+(-2ax+c-2b)\sin 2x$，

$y^{*\prime\prime}(x)=(-4ax+4c-4b)\cos 2x+(-4cx-4a-4d)\sin 2x$，

代入到所给方程得 $(-3ax+4c-3b)\cos2x+(-3cx-4a-3d)\sin 2x=x\cos 2x$，

比较等式两边同类项的系数，得 $\begin{cases}-3a=1\\4c-3b=0\\-3c=0\\-4a-3d=0\end{cases}\Rightarrow a=-\dfrac{1}{3},b=0,c=0,d=\dfrac{4}{9}$.

于是原方程的一个特解 $y^*(x)=-\dfrac{1}{3}x\cos 2x+\dfrac{4}{9}\sin 2x$.

从而原方程的通解为 $y=C_1\cos x+C_2\sin x-\dfrac{1}{3}x\cos 2x+\dfrac{4}{9}\sin 2x$.

七、学法建议

本节的重点是掌握可分离变量方程的积分法，一阶线性方程的常数变易法，二阶常系数齐次线性微分方程的代数方程解法，二阶常系数非齐次线性微分方程特解的待定系数法．

习题 4-3

一、填空题

1. 微分方程 $y''=e^x$ 的通解为____．

2. 微分方程 $y''' + 2y'' + x^3y^4=0$ 的阶数为____．

3. 微分方程 $e^{-x}dy + e^{-y}dx = 0$ 的通解为____．

二、计算题

1. 求以下列函数为通解的微分方程：

(1) $y=Ce^{\arcsin x}$；　　(2) $y^2=C_1x+C_2$.

2. 求下列方程的通解：

(1) $y'=2x(y+1)$；　　(2) $y'=1+x+y^2+xy^2$；

(3) $y'+\dfrac{xy}{1+x^2}=\dfrac{1}{2x(1+x^2)}$；　　(4) $\cos y\mathrm{d}x+(x-2\cos y)\sin y\mathrm{d}y=0$.

3. 求下列方程的通解：

(1) $y''+3y'+2y=0$；　　(2) $3y''+2y'=0$；

(3) $y''-2y'+y=0$；　　(4) $y''+4y=0$；

(5) $y''-4y'+4y=e^{2x}$；　　(6) $y''+3y'+2y=e^{-x}\cos x$．

4. 求下列方程满足初始条件的特解：

(1) 求微分方程 $y\mathrm{d}x+x^2\mathrm{d}y-4\mathrm{d}y=0$ 满足初始条件 $y\big|_{x=1}=2$ 的特解；

(2) 求微分方程 $y'-y\tan x=\sec x$ 满足初始条件 $y\big|_{x=0}=0$ 的特解．

三、应用题

1. 一曲线通过点（2，3），它在两坐标轴间的任一切线段均被切点所平分，求这个曲线的方程.

2. 已知曲线 l 通过点 $\left(\frac{\pi}{2}, 1\right)$，且 l 在任一点 (x, y) 处的切线的斜率等于 $\frac{1}{x}(\sin x - y)$，求曲线 l 的方程.

3. 已知 xOy 平面上曲线 l 通过点 $(1, 1)$，且 l 的任一切线在纵轴上的截距总等于切点的横坐标，求曲线 l 的方程.

习题 4–3 答案与提示

一、1. $y = e^x + C_1x + C_2$.　　2. 3.　　3. $e^x + e^y = C$.

二、1. (1) $y'\sqrt{1-x^2} - y = 0$.　　(2) $yy'' + y'^2 = 0$.

2. (1) $y = Ce^{x^2} - 1$.　　(2) $y = \tan\left(\frac{1}{2}x^2 + x + C\right)$.

(3) $y = \frac{1}{\sqrt{1+x^2}}\left(\frac{1}{2}\ln\frac{|x|}{1+\sqrt{1+x^2}} + C\right)$.

(4) $x = -2\cos y\ln|\cos y| + C\cos y$.

3. (1) $y = C_1e^{-x} + C_2e^{-2x}$.　　(2) $y = C_1 + C_2e^{-\frac{2}{3}x}$.

(3) $y = (C_1 + C_2x)e^x$.　　(4) $y = C_1\cos 2x + C_2\sin 2x$.

(5) $y = (C_1 + C_2x)e^{2x} + \frac{1}{2}x^2e^{2x}$.

(6) $y = C_1e^{-x} + C_2e^{-2x} - \frac{1}{2}e^{-x}(\cos x - \sin x)$.

4. (1) $3y^4 = 16\frac{2+x}{2-x}$.　　(2) $y = \frac{x}{\cos x}$.

三、(1) $xy = 6$.　　(2) $y = \frac{1}{x}\left(\frac{\pi}{2} - \cos x\right)$.　　(3) $y = x(1 - \ln x)$.

总复习题四

一、单项选择

1. 设$f(x)=\dfrac{1}{\cos^2 x}$，则以下表达式不成立的是（　　）.

A. $\int f'(x)\mathrm{d}x=\dfrac{1}{\cos^2 x}+C$　　B. $\dfrac{\mathrm{d}}{\mathrm{d}x}\int f(x)\mathrm{d}x=\dfrac{1}{\cos^2 x}$

C. $\int f(x)\mathrm{d}x=\tan x+C$　　D. $\int f(x)\mathrm{d}x=\sec x+C$

2. $f(x)=k\tan 2x$ 的一个原函数为$\dfrac{1}{2}\ln\cos 2x$，则 $k=$（　　）.

A. $\dfrac{1}{2}$　　B. -1　　C. 2　　D. 1

3. $\int f(x)\mathrm{d}x=\mathrm{e}^x+x+C$，则$\int\cos xf(\sin x-1)\mathrm{d}x=$（　　）.

A. $\mathrm{e}^{\sin x-1}+\sin x-1$　　B. $\mathrm{e}^{\cos x-1}+\cos x-1+C$

C. $\mathrm{e}^{\sin x-1}+\sin x+C$　　D. $\mathrm{e}^{\cos x}+\cos x+C$

4. $\int\sin^2 x\cos x\mathrm{d}x=$（　　）.

A. $\dfrac{1}{3}\sin^3 x+C$　　B. $3\sin^3 x+C$

C. $-\dfrac{1}{3}\sin^3 x+C$　　D. $-3\sin^3 x+C$

5. 函数 $y=\cos x$ 是方程（　　）的解.

A. $y''+y=0$　　B. $y'+2y=0$

C. $y'+y=0$　　D. $y''+y=\cos x$

二、填空题

1. $f(x)$ 的原函数是 $\ln x^2$，则$\int x^3f'(x)\mathrm{d}x=$ ____.

2. 设$\int f(x)\mathrm{d}x=xe^{x'}-e^x+c$，则$\int f'(x)\mathrm{d}x=$ ____.

3. 设$f'(\cos^2 x) = \sin^2 x$且$f(0) = 0$，则$f(x) =$ ____ .

4. 设$\int xf(x)\mathrm{d}x = x\mathrm{e}^{x^2} - \int \mathrm{e}^{x^2}\mathrm{d}x$成立，则$f(x) =$ ____ .

5. 设$f(x)=\mathrm{e}^{3x}$，则$\int \frac{f'(\ln x)}{3x}\mathrm{d}x =$ ____ .

6. 设$F'(x)=f(x)$，则$\int \frac{f(\sin x)}{\sec x}\mathrm{d}x =$ ____ .

7. 若$\int f(x)\mathrm{d}x = x^2 + c$，则$\int x^2 f(1 - x^3)\mathrm{d}x =$ ____ .

8. 微分方程$y''= \cos x$满足初始条件$y(0) = y'(0)= 0$的特解为____.

9. 微分方程$y' = y$满足初始条件$y(0)= 2$的特解为____.

10. 微分方程$x\frac{\mathrm{d}y}{\mathrm{d}x} = x - y$满足初始条件$y(\sqrt{2})= 0$的特解为____.

三、计算题

1. $\int \frac{\mathrm{e}^{2x} - 1}{\mathrm{e}^x + 1}\mathrm{d}x$；　2. $\int \frac{1}{\sin^2 x\cos^2 x}\mathrm{d}x$；　3. $\int \frac{1}{\sqrt{1 + \mathrm{e}^x}}\mathrm{d}x$；

4. $\int \tan^4 x\mathrm{d}x$；　5. $\int \ln(x + \sqrt{x^2 + 1})\mathrm{d}x$；　6. $\int x\sin^2 x\mathrm{d}x$；

7. $\int x^3\sqrt[3]{1+x^2}\,\mathrm{d}x$；　8. $\int \frac{\sin x\cos^2 x}{2 + \cos^2 x}\mathrm{d}x$；　9. $\int \frac{x\cos x}{\sin^3 x}\mathrm{d}x$；

10. $\int x^2 2^x\mathrm{d}x$；　11. $\int x\ln(1 + x)\mathrm{d}x$；　12. $\int x^2\cos(2x + 1)\mathrm{d}x$.

四、应用题与证明题

1. 已知某曲线在任一点处的切线斜率等于该点的横坐标的倒数，且过点(e，2)，求曲线方程.

2. 已知某质点作变速直线运动，其加速度为$t^2 + 1$，且在初始时刻其速度v的值为1，运动距离s的值为0，求该质点的运动方程.

3. 证明$y = C_1x^5 + \frac{C_2}{x} - \frac{x^2}{9}\ln x$是微分方程$x^2y'' - 3xy' - 5y = x^2\ln x$的通解.

4. 设可微函数$f(x)$，$g(x)$满足$f'(x)=g(x)$，$g'(x)=f(x)$，且$f(0)=0$，$g(x)\neq 0$，又设$\varphi(x)=\frac{f(x)}{g(x)}$，试导出$\varphi(x)$所满足的微分方程，并求$\varphi(x)$.

总复习题四答案与提示

一、1. D.　2. B.　3. C.　4. A.　5. A.

二、1. $-x^2+C$.　2. xe^x+C.　3. $-\frac{1}{2}x^2+x$.　4. $2xe^{x^2}$.

5. $\frac{1}{3}x^3+C$.　6. $F(\sin x)+C$.　7. $-\frac{1}{3}(1-x^3)^2+C$.

8. $y=1-\cos x$. 9. $y=2e^x$.　10. $y=\frac{x}{2}-\frac{1}{x}$.

三、1. e^x-x+C.

2. $\tan x-\cot x+C$.

3. $\ln\frac{\sqrt{1+e^x}-1}{\sqrt{1+e^x}+1}+C$.

4. $\frac{1}{3}\tan^3 x-\tan x+x+C$.

5. $x\ln(x+\sqrt{1+x^2})-\sqrt{1+x^2}+C$.

6. $\frac{1}{4}(x^2-x\sin 2x-\frac{1}{2}\cos 2x)+C$.

7. $\frac{3}{14}(1+x^2)^{\frac{7}{3}}-\frac{3}{8}(1+x^2)^{\frac{4}{3}}+C$.

8. $\sqrt{2}\arctan\frac{\cos x}{\sqrt{2}}-\cos x+C$.

9. $\frac{-x}{2}\csc^2 x-\frac{1}{2}\cot x+C$.

10. $\frac{1}{\ln 2}x^2 2^x-\frac{2}{\ln^2 2}x2^x+\frac{2}{\ln^3 2}2^x+C$.

11. $\frac{x^2}{2}\ln(1+x)-\frac{1}{4}(x-1)^2-\frac{1}{2}\ln(1+x)+C$.

12. $\frac{1}{2}x^2\sin(2x+1)+\frac{1}{2}x\cos(2x+1)-\frac{1}{4}\sin(2x+1)+C.$

四、1. $y=\ln x+1$.　　2. $s=\frac{1}{12}t^4+\frac{1}{2}t^2+t$.　　3. 直接验证即可.

4. $\varphi'(x)=1-\varphi^2(x)$ 且 $\varphi(0)=0$，得 $\varphi(x)=\frac{e^x-e^{-x}}{e^x+e^{-x}}$.

第五章　定积分及其应用

本章学习提要

• 本章主要概念有：定积分定义，变上限积分函数，广义积分；

• 本章主要定理有：积分中值定理，变上限积分的求导定理，牛顿—莱布尼兹公式；

• 本章必须掌握的方法是：定积分计算的常用方法，积分恒等式的证明方法，变上限积分函数的求导方法和定积分应用中的元素法 .

引　言

你听过“曹冲称象”的故事吗？这里已经蕴涵了微积分的基本思想，曹冲把大象划分为若干块小石头就是微分的思想，而把小石头质量之和作为大象的质量就是定积分的萌芽 .

在微分学的学习过程中，已知变速直线运动的物体的路程函数 $s(t)$ ，求物体的瞬时速度 $v(t)$ 时，采用的方法是：在微小的时间区间上，可以把变化的速度看成常量，即把变速直线运动看成等速直线运动，这样就可得到瞬时速度的近似值——平均速度$\frac{\Delta s}{\Delta t}$，从而有 $\nu(t)=\lim\limits_{\Delta t\to 0}\frac{\Delta s}{\Delta t}$.

现在考虑另一个问题，已知变速直线运动物体的速度函数 $v(t)$ ，求从时刻 $t=a$ 到时刻 $t=b$ 这段时间物体所走的距离 s . 借助微分学中处理问题的方法，先把区间 $[a, b]$ 分为若干个小区间，在每个子区间上运用计算等速运动的路程公式，得到各个子区间上路程的近似值，把它们加起来便得到在 $[a, b]$ 上物体经过的路程的近似值，再求极限就可得到所要的路程 s. 这个例子反映了定积分解决问题的基本思想和步骤，是定积分理论形成的感性阶段. 下面开始系统研究定积分的理论及应用.

第一节　定积分的概念与性质

一、实例引入

曲边梯形的面积

定义 1　在直角坐标系中，由连续曲线 $y=f(x)$，直线 $x=a$，$x=b$ 及 x 轴所围成的图形称为曲边梯形（如图 5-1）.

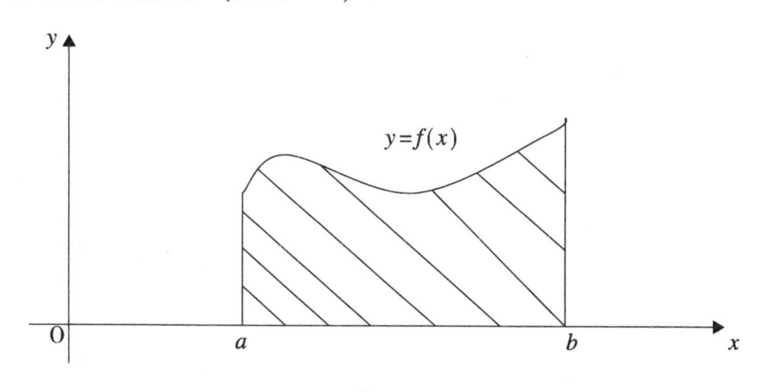

图 5-1

例 1　求由连续函数 $y=f(x)\,(f(x)\geq 0)$，$x=a$，$x=b$ 和 x 轴所围成的曲边梯形的面积 S（图 5-2）.

解：① 分割：用分点 $a=x_0<x_1<x_2<\cdots<x_{n-1}<x_n=b$ 将区间 $[a, b]$ 分成 n 个小区间，第 i 个小区间 $[x_{i-1}, x_i]$ 的长为 $\Delta x_i=x_i-x_{i-1}$（$i=1, 2, \cdots, n$）. 过每个分点 x_i（$i=1, 2, \cdots, n-1$）作 x 轴的垂线，把曲边梯形分成 n 个小曲边梯形，用 ΔS_i 表示第 i 个小曲边梯形的面积，则有 $S=\sum\limits_{i=1}^{n}\Delta S_i$（见图 5-2）.

② 近似代替：任取 $\zeta_i \in [x_{i-1}, x_i]$ 则 $\Delta S_i \approx f(\zeta_i)\Delta x_i$ $(i=1, 2, \cdots, n)$.

④求和：$S \approx \sum\limits_{i=1}^{n} f(\zeta_i)\Delta x_i$.

④ 取极限：令 $\lambda = \max\limits_{i} \{\Delta x_i\}$，则 $S = \lim\limits_{\lambda \to 0}\sum\limits_{i=1}^{n} f(\zeta_i)\Delta x_i$.

【注】

（1）一般平面图形都是若干个曲边梯形拼凑而成的，所以研究曲边梯形的面积非常有意义.

（2）$\lambda \to 0$ 保证 $n \to +\infty$ ，反之不然；但把区间 $[a, b]$ 等分时，$n \to +\infty$ 能保证 $\lambda \to 0$.

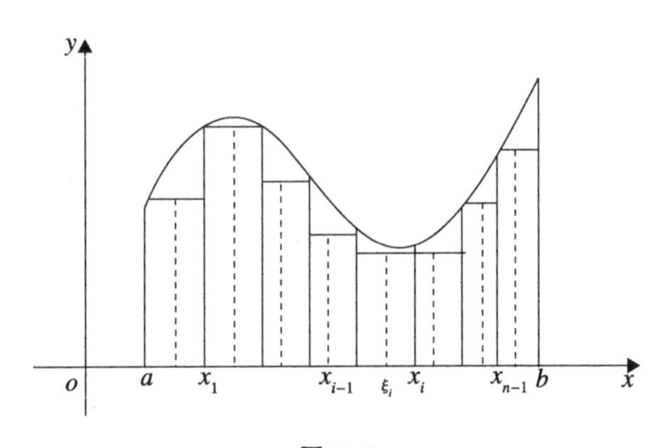

图 5-2

变速直线运动的距离

例 2 设变速直线运动物体的速度 v 是时间 t 的连续函数 $v=v(t)$ ，求从 $t=T_1$ 到 $t=T_2$ 这段时间内物体所走的距离 S.

解：物体作变速直线运动时就不能像匀速直线运动那样用速度乘时间求其路程，因为速度是变化的．但是，由于速度是连续变化的，只要 t 在 $[T_1, T_2]$ 的某个很小的区间内，相应的速度 $v=v(t)$ 也就变化不大．因此，完全可以用类似于求曲边梯形面积的方法来计算路程 S.

① 分割：在时间间隔 $[T_1, T_2]$ 内任意插入 $n-1$ 个分点：

$T_1 = t_0 < t_1 < t_2 < \cdots < t_{i-1} < t_i < \cdots < t_n = T_2$.

把 $[T_1, T_2]$ 分成 n 个小区间：$[t_{i-1}, t_i]$ $(i=1, 2, \cdots, n)$，这些小区间的长度分别记为：$\Delta t_i = t_i - t_{i-1}$，$(i=1, 2, \cdots, n)$ ．相应的路程 S 被分为 n 段小

路程：ΔS_i，$(i=1, 2, \cdots, n)$，$S=\sum\limits_{i=1}^{n}\Delta S_i$

② 近似代替：在每个小区间上任取一点 ζ_i，$t_{i-1}\leq\zeta_i\leq t_i$，用 ζ_i 点的速度 $v(\zeta_i)$ 近似代替物体在小区间上的速度，用乘积 $v(\zeta_i)\,\Delta t_i$ 近似代替物体在小区间 $[t_{i-1}, t_i]$ 上所经过的路程 ΔS_i，即 $\Delta s_i\approx v(\zeta_i)\,\Delta t_i$，$(i=1, 2, \cdots, n)$.

③求和：$S=\sum\limits_{i=1}^{n}\Delta S_i\approx\sum\limits_{i=1}^{n}v(\zeta_i)\,\Delta t_i$

④取极限：取 $\lambda=\max\limits_{1\leq i\leq n}\{\Delta t_i\}$，则有 $S=\lim\limits_{\lambda\to 0}\sum\limits_{i=1}^{n}v(\zeta_i)\,\Delta t_i$.

哲学中讲到共性是通过个性而体现出来的，而数学又是一门具有高度抽象性和概括性的学科．从上面两个例子可以看出，虽然问题不同，但解决的方法是相同的，都归结为求同一结构的总和的极限．还有许多实际问题的解决也是归结于这类极限，因此有必要在抽象的形式下研究它，这样就引出了数学上的定积分概念．

二、定积分的定义

定义 2　设函数 $f(x)$ 在 $[a, b]$ 上有界，在 (a, b) 中任意插入 $n-1$ 个分点 $a=x_0<x_1<x_2<\cdots<x_{n-1}<x_n=b$，把区间 $[a, b]$ 分成 n 个小区间 $[x_{i-1}, x_i]$ $(i=1, 2, \cdots, n)$，第 i 个小区间的长度记为 $\Delta x_i=x_i-x_{i-1}$ $(i=1, 2, \cdots, n)$. 在第 i 个小区间 $[x_{i-1}, x_i]$ 上任取一点 ζ_i $(x_{i-1}\leq\zeta_i\leq x_i)$，作函数值 $f(\zeta_i)$ 与小区间长度 Δx_i 的乘积 $f(\zeta_i)\,\Delta x_i$ $(i=1, 2, \cdots, n)$，并作出和 $\sum\limits_{i=1}^{n}f(\zeta_i)\,\Delta x_i$，记 $\lambda=\max\limits_{i}\{\Delta x_i\}$，如果不论对 $[a, b]$ 怎样分法，也不论在小区间 $[x_{i-1}, x_i]$ 上点 ζ_i 怎样取法，只要当 $\lambda\to 0$ 时，和 $\sum\limits_{i=1}^{n}f(\zeta_i)\,\Delta x_i$ 总趋于确定的极限 A，这时称这个极限 A 为函数 $f(x)$ 在区间 $[a, b]$ 上的定积分，记为 $\int_a^b f(x)\mathrm{d}x$，即 $\int_a^b f(x)\mathrm{d}x=\lim\limits_{\lambda\to 0}\sum\limits_{i=1}^{n}f(\zeta_i)\,\Delta x_i$.

其中 $f(x)$ 叫作被积函数，$f(x)\mathrm{d}x$ 叫作被积表达式，x 叫作积分变量，a 叫作积分下限，b 叫作积分上限，$[a, b]$ 叫作积分区间．此时也称函数 $f(x)$ 在 $[a, b]$ 上可积．

【注】

(1) 定积分 $\int_a^b f(x)\mathrm{d}x$ 是一个数值，它只与被积函数 $f(x)$ 以及积分区间 $[a, b]$

有关，而与积分变量用什么字母表示无关，即有 $\int_a^b f(x)\,\mathrm{d}x = \int_a^b f(t)\,\mathrm{d}t$.

（2）$\int_a^b f(x)\,\mathrm{d}x = -\int_b^a f(x)\,\mathrm{d}x$ 即：定积分的上限与下限互换时，定积分变号 .

（3）$\int_a^b f(x)\,\mathrm{d}x$ 的几何意义是：曲线 $y=f(x)$ ，$x=a$，$x=b$，x 轴所围平面图形面积的代数和 .（x 轴上方面积-x 轴下方面积）（见图 5-3）.

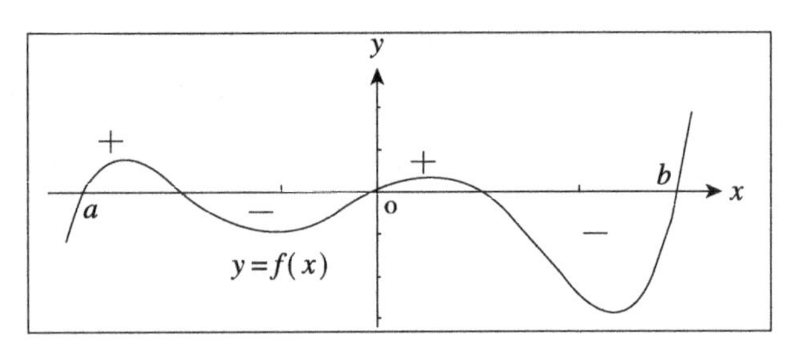

图 5-3

（4）可积的必要条件

若 $f(x)$ 在 $[a, b]$ 上可积，则 $f(x)$ 在 $[a, b]$ 上有界 .

（5）可积的充分条件

①若 $f(x)$ 在 $[a, b]$ 上连续，则 $f(x)$ 在 $[a, b]$ 上可积 .

②若 $f(x)$ 在 $[a, b]$ 上有界，且只有有限个第一类间断点，则 $f(x)$ 在 $[a, b]$ 上可积 .

（6）可导必连续，连续必可积，可积必有界，而反之不一定成立 .

例 1 求 $\left[\int_1^5 \frac{\sin x}{1+x^2}\mathrm{d}x\right]' =$ ____.

解：因为 $\int_1^5 \frac{\sin x}{1+x^2}\mathrm{d}x$ 是个数值，故答案为 0.

例 2 求 $\int_0^1 \sqrt{1-x^2}\,\mathrm{d}x =$ ____.

解：由定积分的几何意义，$\int_0^1 \sqrt{1-x^2}\,\mathrm{d}x$ 就是曲线 $y=\sqrt{1-x^2}$ ，$x=0$，$x=1$，x 轴所围平面图形的面积，即单位圆面积的 $\frac{1}{4}$，故答案为 $\frac{\pi}{4}$.

例 3　给出一个有界不可积的例子．

解：设 $f(x)=\begin{cases}1 & x \text{ 为有理数} \\ -1 & x \text{ 为无理数}\end{cases}$，则 $f(x)$ 在 [0，1] 内有界，但 $f(x)$ 在 [0，1] 上不可积．

事实上：$\lim\limits_{\lambda\to 0}\sum\limits_{i=1}^{n}f(\zeta_i)\Delta x_i=\begin{cases}1 & \text{当 } \zeta_i \text{ 取有理点时} \\ -1 & \text{当 } \zeta_i \text{ 取无理点时}\end{cases}$，

即 $\lim\limits_{\lambda\to 0}\sum\limits_{i=1}^{n}f(\zeta_i)\Delta x_i$ 与 ζ_i 的取法有关，从而 $f(x)$ 在 [0，1] 上不可积．

例 4　利用定义计算定积分 $\int_0^1 x^2\mathrm{d}x$.

解：把区间 [0，1] n 等分，分点 $x_i=\frac{i}{n}$，$i=1$，2，…，$n-1$. 则

每个小区间长度为 $\frac{1}{n}$，取 $\zeta_i=x_i$，$i=1$，2，…，n，

于是得和式 $\sum\limits_{i=1}^{n}f(\zeta_i)\Delta x_i=\sum\limits_{i=1}^{n}\left(\frac{i}{n}\right)^2\frac{1}{n}=\frac{1}{n^3}\sum\limits_{i=1}^{n}i^2$

$$=\frac{\frac{1}{6}n(n+1)(2n+1)}{n^3}=\frac{(n+1)(2n+1)}{6n^2}.$$

所以 $\int_0^1 x^2\mathrm{d}x=\lim\limits_{n\to\infty}\frac{(n+1)(2n+1)}{6n^2}=\frac{1}{3}$.

由例 4 可以看出，利用定义计算定积分非常复杂，多数情况下是根本不可能的，从而要寻找其他方法计算定积分，下面先研究定积分的性质．

三、定积分的性质

性质 1　$\int_a^b kf(x)\mathrm{d}x=k\int_a^b f(x)\mathrm{d}x$（$k$ 是常数）．

即：被积函数的常数因子可以提到积分号的外面．

证明：$\int_a^b kf(x)\mathrm{d}x=\lim\limits_{\lambda\to 0}\sum\limits_{i=1}^{n}(kf(\zeta_i))\Delta x_i=k\lim\limits_{\lambda\to 0}\sum\limits_{i=1}^{n}f(\zeta_i)\Delta x_i=k\int_a^b f(x)\mathrm{d}x$.

性质 2　$\int_a^b[f(x)\pm g(x)]\mathrm{d}x=\int_a^b f(x)\mathrm{d}x\pm\int_a^b g(x)\mathrm{d}x$.

即：函数的和（差）的定积分等于它们的定积分的和（差）.

证明：类似性质 1 用定积分定义直接可证.

性质 3 （区间可加性）$\int_a^b f(x)\,dx = \int_a^c f(x)\,dx + \int_c^b f(x)\,dx$.

证明：不妨设 $a<c<b$，且取 c 为分点，则

$\sum_{[a,b]} f(\zeta_i)\Delta x_i = \sum_{[a,c]} f(\zeta_i)\Delta x_i + \sum_{[c,d]} f(\zeta_i)\Delta x_i$ 令 $\lambda\to 0$，上式两端同时取极限，得 $\int_a^b f(x)\,dx = \int_a^c f(x)\,dx + \int_c^b f(x)\,dx$.

性质 4 $\int_a^b dx = b-a$.

证明：$\int_a^b dx = \lim_{\lambda\to 0}\sum_{i=1}^{n}\Delta x_i = b-a$.

由定积分几何意义知 $\int_a^b dx$，是长为 $b-a$ 宽为 1 的矩形面积.

性质 5 若在区间 $[a, b]$ 上 $f(x)\geq 0$，则 $\int_a^b f(x)\,dx \geq 0$.

证明：因为 $f(x)\geq 0$，所以 $\sum_{i=1}^{n} f(\zeta_i)\Delta x_i \geq 0$，由极限的保号性，

$\int_a^b f(x)\,dx = \lim_{\lambda\to 0}\sum_{i=1}^{n} f(\zeta_i)\Delta x_i \geq 0$.

性质 6（定积分的单调性）如果不等式 $f(x)\leq g(x)$，在区间 $[a, b]$ 上成立，则有 $\int_a^b f(x)\,dx \leq \int_a^b g(x)\,dx$.

证明：因为 $g(x)-f(x)\geq 0$，

所以 $\int_a^b [g(x)-f(x)]\,dx = \int_a^b g(x)\,dx - \int_a^b f(x)\,dx \geq 0$，从而 $\int_a^b f(x)\,dx \leq \int_a^b g(x)\,dx$.

性质 7 $\left|\int_a^b f(x)\,dx\right| \leq \int_a^b |f(x)|\,dx$.

证明：因为 $-|f(x)| \leq f(x) \leq |f(x)|$，

由性质 6，$-\int_a^b |f(x)|\,dx \leq \int_a^b f(x)\,dx \leq \int_a^b |f(x)|\,dx$，

所以 $\left|\int_a^b f(x)\,dx\right| \leq \int_a^b |f(x)|\,dx$.

性质 8（积分估值定理）设 M 及 m 分别是函数 $f(x)$ 在区间 $[a, b]$ 上的最

大值及最小值，则 $m(b-a) \leq \int_a^b f(x)\mathrm{d}x \leq M(b-a)$.

证明：因为 $m \leq f(x) \leq M$，

所以 $m(b-a)=\int_a^b m\mathrm{d}x \leq \int_a^b f(x)\mathrm{d}x \leq \int_a^b M\mathrm{d}x=M(b-a)$.

性质 9（积分中值定理）如果函数 $f(x)$ 在闭区间 $[a, b]$ 上连续，则在积分区间 $[a, b]$ 至少存在一个点 ζ，使 $\int_a^b f(x)\mathrm{d}x = f(\zeta)(b-a)$（见图 5-4）.

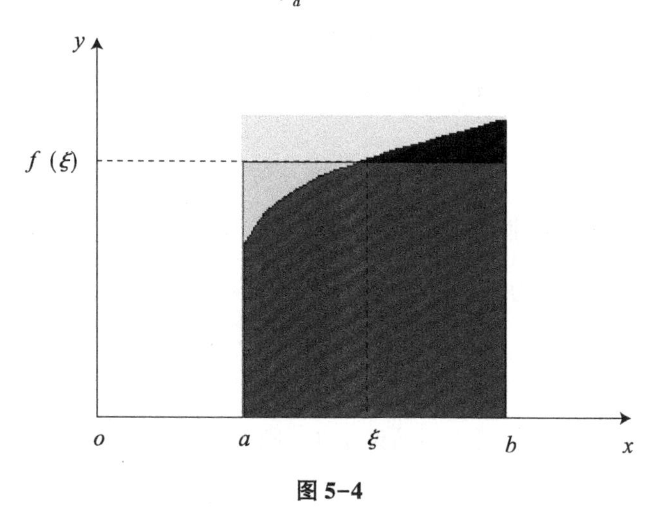

图 5-4

证明：因为 $f(x)$ 在区间 $[a, b]$ 上连续，所以 $f(x)$ 在区间 $[a, b]$ 上有最大值 M 和最小值 m. 由性质 8　$m(b-a) \leq \int_a^b f(x)\mathrm{d}x \leq M(b-a)$，

从而 $m \leq \frac{1}{b-a}\int_a^b f(x)\mathrm{d}x \leq M$，由闭区间上连续函数的介值定理知，

$\exists \zeta \in [a, b]$，使 $\frac{1}{b-a}\int_a^b f(x)\mathrm{d}x = f(\zeta)$.

所以有 $\int_a^b f(x)\mathrm{d}x = f(\zeta)(b-a)$.

积分中值定理中的 $f(\zeta)$ 就是函数 $f(x)$ 在区间 $[a, b]$ 内函数值的平均值，也称为函数 $f(x)$ 在区间 $[a, b]$ 上的平均高度.

例 1 单项选择

以下不等式成立的是（ ）.

A. $\int_0^1 x\mathrm{d}x \le \int_0^1 x^2\mathrm{d}x$　　B. $\int_1^e \ln x\mathrm{d}x \ge \int_1^e \ln^2 x\mathrm{d}x$

C. $\int_0^1 x\mathrm{d}x \le \int_0^1 \sin x\mathrm{d}x$　　D. $\int_1^2 x^2\mathrm{d}x \le \int_1^2 x\mathrm{d}x$

解：由定积分的单调性，因为 $x\in[1, \mathrm{e}]$ 时，$\ln x \ge \ln^2 x$

所以 $\int_1^e \ln x\mathrm{d}x \ge \int_1^e \ln^2 \mathrm{d}x$，故答案为 B.

例 2 设 $f(x)$ 在 $[1, 4]$ 内连续，且 $f(x)$ 在 $[1, 4]$ 上的平均高度为 2，则 $\int_1^4 f(x)\mathrm{d}x =$ ____ .

解：由积分中值定理 $\int_1^4 f(x)\mathrm{d}x = f(\zeta)(4-1)$ 其中 $f(\zeta)$ 为 $f(x)$ 在 $[1, 4]$ 上的平均高度，故答案为 6.

例 3 证明 $\lim\limits_{n\to+\infty}\int_n^{n+1}\frac{\sin x}{x}\mathrm{d}x=0.$

证明：因为 $n\to+\infty$，所以不妨设 $n>1$，则 $f(x)=\frac{\sin x}{x}$ 在 $[n, n+1]$ 上连续，

由积分中值定理，$\exists\zeta\in[n, n+1]$，使 $\int_n^{n+1}\frac{\sin x}{x}\mathrm{d}x=\frac{\sin\zeta}{\zeta}.$

所以 $\lim\limits_{n\to+\infty}\int_n^{n+1}\frac{\sin x}{x}\mathrm{d}x=\lim\limits_{\zeta\to+\infty}\frac{\sin\zeta}{\zeta}=0.$

四、学法建议

1. 本节的重点是理解定积分的定义，掌握用定积分的思想分析问题解决问题的方法 .

2. 掌握定积分的基本性质，会用定积分的性质解决一些基本问题 .

3. 理解定积分的几何意义，会用定积分的几何意义分析定积分的相关问题 .

习题 5-1

1. 利用定积分的几何意义求下列定积分的值：

(1) $\int_0^1 3x\mathrm{d}x$；　　(2) $\int_{-\pi}^{\pi} \sin x\mathrm{d}x$.

2. 不计算积分，比较下列各组积分值的大小：

(1) $\int_0^1 \mathrm{e}^x\mathrm{d}x$ 和 $\int_0^1 \mathrm{e}^{x^2}\mathrm{d}x$；　　(2) $\int_0^{\frac{\pi}{2}} x\mathrm{d}x$ 和 $\int_0^{\frac{\pi}{2}} \sin x\mathrm{d}x$.

3. 估计下列各积分的值：

(1) $\int_1^4 (x^2+1)\mathrm{d}x$ ；　　(2) $\int_1^2 (2x^3-x^4)\mathrm{d}x$.

4. 求函数：$f(x)=\sqrt{a^2-x^2}$ 在区间 $[-a, a]$ 的平均值 .

习题 5-1 答案与提示

1. (1) $\frac{3}{2}$.　　(2) 0.

2. (1) $\int_0^1 \mathrm{e}^x\mathrm{d}x>\int_0^1 \mathrm{e}^{x^2}\mathrm{d}x$.　　(2) $\int_0^{\frac{\pi}{2}} x\mathrm{d}x>\int_0^{\frac{\pi}{2}} \sin x\mathrm{d}x$.

3. (1) $6\le \int_1^4 (x^2+1)\mathrm{d}x \le 51$.　　(2) $0\le \int_1^2 (2x^3-x^4)\mathrm{d}x \le \frac{27}{16}$.

4. 平均值为 $\frac{\pi}{4}a$.

第二节　微积分基本公式

在第一节中发现用定积分定义计算积分值是很困难的事情，尤其被积函数比较复杂时，计算定积分几乎无法进行 . 因此，必须寻找计算定积分的新方法，下面首先从实际问题中寻找解决问题的线索 .

一、变速直线运动中位置函数与速度函数之间的联系

某物体做变速直线运动，其位置函数为 $s=s(t)$，速度函数为 $v=v(t)\geq 0$，则物体在时间间隔 $[a,\ b]$ 内经过的路程可以用速度函数 $v(t)$ 在 $[a,\ b]$ 上的定积分 $\int_a^b v(t)\,t$ 表示；又这段路程也可以通过位置函数 $s(t)$ 在区间 $[a,\ b]$ 上的增量 $s(b)-s(a)$ 表示．从而有 $\int_a^b v(t)\mathrm{d}t=s(b)-s(a)$．而位置函数 $s(t)$ 是速度函数 $v(t)$ 的原函数，即速度函数 $v(t)$ 在区间 $[a,\ b]$ 上的定积分等于其原函数 $s(t)$ 在积分区间 $[a,\ b]$ 上的增量．

从上述特殊问题中得出来的关系，在一定条件下是否具有普遍性呢？下面就开始研究这个问题．

二、积分上限函数

定义 1　设函数 $f(x)$ 在区间 $[a,\ b]$ 上连续，则对 $[a,\ b]$ 上任一点 x，存在唯一的积分值 $\int_a^x f(t)\mathrm{d}t$ 与 x 相对应，这样得到 $[a,\ b]$ 上一个新的函数 $\Phi(x)=\int_a^x f(t)\mathrm{d}t\ (a\leq x\leq b)$，称为函数 $f(x)$ 在区间 $[a,\ b]$ 上的积分上限函数，也称为面积函数．

【注】

（1）如图 5-5，当 $f(x)\geq 0$ 时，$\Phi(x)$ 恰好是图中所示部分的面积，故 $\Phi(x)$ 也称为面积函数．

（2）$\Phi(a)=0$，$\Phi(b)=\int_a^b f(x)\mathrm{d}x$．

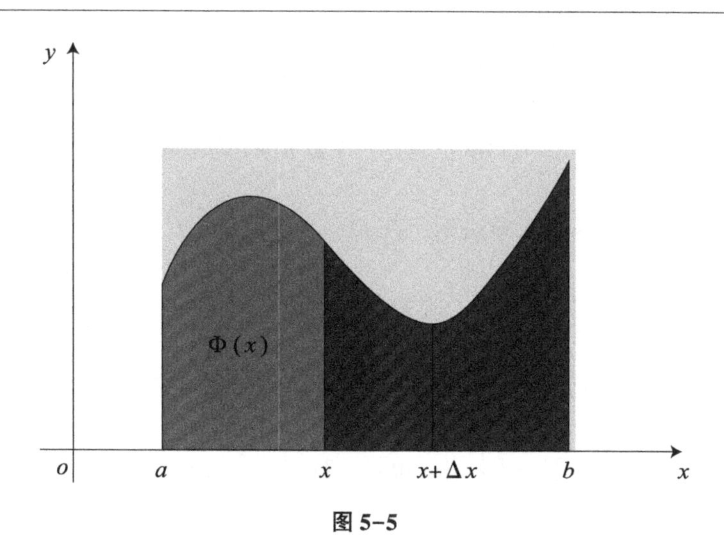

图 5-5

下面给出 Φ（x）的一个重要性质.

定理 1 如果函数 $f(x)$ 在区间［a，b］上连续，则积分上限函数

$\Phi(x)=\int_a^x f(t)\,\mathrm{d}t$ 在［a，b］可导，且其导数 $\Phi'(x)=\dfrac{\mathrm{d}}{\mathrm{d}x}\int_a^x f(t)\,\mathrm{d}t=f(x)$

（$a\le x\le b$）. 即：$\Phi(x)$ 是 $f(x)$ 的一个原函数.

证明：由导数定义，对 $\forall x\in(a,b)$

$$\Phi'(x)=\lim_{\Delta x\to 0}\frac{\Phi(x+\Delta x)-\Phi(x)}{\Delta x}=\lim_{\Delta x\to 0}\frac{\int_a^{x+\Delta x}f(t)\mathrm{d}t-\int_a^x f(t)\mathrm{d}t}{\Delta x}=\lim_{\Delta x\to 0}\frac{\int_x^{x+\Delta x}f(t)\mathrm{d}t}{\Delta x},$$

由积分中值定理 $\int_x^{x+\Delta x}f(t)\,\mathrm{d}t=f(\zeta)\,\Delta x$，$\zeta$ 介于 x 与 $x+\Delta x$ 之间.

从而 $\Phi'(x)=\lim\limits_{\Delta x\to 0}f(\zeta)=\lim\limits_{\zeta\to x}f(\zeta)=f(x)$.

若 $x=a$，取 $\Delta x>0$，同上可证 $\Phi'_+(a)=f(a)$.

若 $x=b$，取 $\Delta x<0$，同样有 $\Phi'_-(b)=f(b)$.

推论 1　设 $f(x)$ 是［a，b］上的连续函数，则 $f(x)$ 必有原函数.

证明：　由定理 1 知 $\Phi(x)=\int_a^x f(t)\,\mathrm{d}t$ 就是 $f(x)$ 的一个原函数.

推论 2　设 $f(t)$ 是［a，b］上的连续函数，$u(x)$ 在［a，b］上可导，且

$a \leq u(x) \leq b$，则 $[\int_a^{u(x)} f(t)\mathrm{d}t]' = f(u(x))u'(x)$.

证明： 令 $F(x) = \int_a^{u(x)} f(t)\mathrm{d}t$ ，这是一个以 $u(x)$ 为中间变量的复合函数 .

由定理 1 和复合函数求导法则，有 $F'(x) = \frac{\mathrm{d}}{\mathrm{d}x}\int_a^{u(x)} f(t)\mathrm{d}t = f(u(x))u'(x)$.

例 1 设 $F(x) = \int_x^{x^2} \sin t\mathrm{d}t$，求 $F'(x)$.

解： $F(x) = \int_x^0 \sin t\mathrm{d}t + \int_0^{x^2} \sin t\mathrm{d}t = \int_0^{x^2} \sin t\mathrm{d}t - \int_0^x \sin t\mathrm{d}t$,

$F'(x) = [\int_0^{x^2} sin\ t\mathrm{d}t]' - [\int_0^x \sin t\mathrm{d}t]' = 2x \sin x^2 - \sin x$.

例 2 求极限 $\lim\limits_{x\to 0} \frac{\int_0^{x^2} \cos t^2\mathrm{d}t}{x \sin x}$.

解：

$$\lim_{x\to 0} \frac{\int_0^{x^2} \cos t^2\mathrm{d}t}{x\sin x} = \lim_{x\to 0} \frac{\int_0^{x^2} \cos t^2\mathrm{d}t}{x^2} = \lim_{x\to 0} \frac{2x\cos x^4}{2x} = \lim_{x\to 0}\cos x^4 = 1.$$

例 3 设 $f(x)$ 在 $[0, +\infty)$ 上连续，且 $f(x) > 0$，证明：

$\Psi(x) = \frac{\int_0^x tf(t)\mathrm{d}t}{\int_0^x f(t)\mathrm{d}t}$ 在 $(0, +\infty)$ 上是单调增加的 .

证明：

$$\Psi'(x) = \frac{xf(x)\int_0^x f(t)\mathrm{d}t - f(x)\int_0^x tf(t)\mathrm{d}t}{[\int_0^x f(t)\mathrm{d}t]^2} = \frac{f(x)\int_0^x (x-t)f(t)\mathrm{d}t}{[\int_0^x f(t)\mathrm{d}t]^2},$$

因为 $t \in [0, x]$，所以 $x-t \geq 0$，又 $f(t) > 0$，则 $\int_0^x (x-t)f(t)\mathrm{d}t > 0$，从而 $\Psi'(x) > 0 \quad (x > 0)$ ，因此，$\Psi(x)$ 在 $(0, +\infty)$ 上单调增加 .

【注】 解决积分上限函数的问题常常使用求导的方法 .

三、牛顿—莱布尼兹公式

本节定理 1 揭示了积分学中定积分与不定积分（原函数）之间的联系，使人们有可能通过原函数来计算定积分．下面将给出利用原函数计算定积分的公式．

定理 2　如果函数 $F(x)$ 是连续函数 $f(x)$ 在区间 $[a, b]$ 上的一个原函数，则

$$\int_a^b f(x)\,\mathrm{d}x = F(b) - F(a).$$

证明：由定理 1，$\Phi(x) = \int_a^x f(t)\,\mathrm{d}t$ 是 $f(x)$ 的一个原函数，

则 $\Phi(x) = F(x) + C$，

而 $\int_a^b f(x)\,\mathrm{d}x = \Phi(b) = \Phi(b) - \Phi(a) = (F(b) + C) - (F(a) + C)$

$= F(b) - F(a)$.

【注】

（1）为了方便起见，今后把 $F(b) - F(a)$ 写成 $F(x)\Big|_a^b$.

（2）$\int_a^b f(x)\,\mathrm{d}x = F(b) - F(a)$ 叫作牛顿—莱布尼兹公式，也称为微积分基本公式．

（3）由牛顿—莱布尼兹公式可知会求不定积分就会求定积分，但要注意牛顿—莱布尼兹公式成立的条件是被积函数 $f(x)$ 在区间 $[a, b]$ 上连续．

例 1　求定积分 $\int_0^{\frac{\pi}{2}}(2\sin x + \cos x)\,\mathrm{d}x$.

解：

$$\int_0^{\frac{\pi}{2}}(2\sin x + \cos x)\,\mathrm{d}x = 2\int_0^{\frac{\pi}{2}}\sin x\,\mathrm{d}x + \int_0^{\frac{\pi}{2}}\cos x\,\mathrm{d}x.$$

$$= -2\cos x\Big|_0^{\frac{\pi}{2}} + \sin x\Big|_0^{\frac{\pi}{2}} = 2 + 1 = 3.$$

例 2　求定积分 $\int_{-1}^{3}|2 - x|\,\mathrm{d}x$.

解：$|2-x|=\begin{cases}2-x & (x\leq 2)\\ x-2 & (x>2)\end{cases}$，由积分可加性，

$$\int_{-1}^{3}|2-x|\,dx=\int_{-1}^{2}(2-x)\,dx+\int_{2}^{3}(x-2)\,dx=\left(2x-\frac{x^2}{2}\right)\Big|_{-1}^{2}+\left(\frac{x^2}{2}-2x\right)\Big|_{2}^{3}$$

$$=\frac{9}{2}+\frac{1}{2}=5.$$

例 3 求定积分 $\int_{0}^{\frac{\pi}{2}}\cos^5 x\sin x\,dx$.

解：$\int_{0}^{\frac{\pi}{2}}\cos^5 x\sin x\,dx=-\int_{0}^{\frac{\pi}{2}}\cos^5 x\,d\cos x=-\frac{1}{6}\cos^6 x\Big|_{0}^{\frac{\pi}{2}}=\frac{1}{6}.$

四、学法建议

1. 本节重点是深刻理解微积分基本定理（牛顿—布尼兹公式），这个定理一方面揭示了定积分与微分的互逆性质；另一方面它又是联系定积分与原函数（不定积分）之间的一条纽带.

2. 充分理解会求不定积分就会求定积分.

3. 应用牛顿—布尼兹公式计算有限区间定积分时，应注意不要忽略了被积函数在积分区间上连续的条件，有有限个第一类间断点时要用定积分可加性拆开，否则会出现错误的结果.

4. 会求积分上限函数的导数.

习题 5-2

1. 求下列函数的导数：

(1) $F(x)=\int_{x}^{1}t^2e^{-t^2}dt$； (2) $F(x)=\int_{1}^{e^x}\frac{\ln t}{t}dt$；

(3) $F(x)=\int_{-x}^{\sin x}\cos t^2\,dt$.

2. 求下列定积分：

(1) $\int_{-1}^{1}\frac{1}{(x-3)^2}dx$；　　(2) $\int_{0}^{\pi}(1-sin^3\theta)d\theta$；

(3) $\int_{0}^{\pi}\sqrt{\sin^3\theta-\sin^5\theta}d\theta$；　　(4) $\int_{\frac{\pi}{4}}^{\frac{\pi}{3}}\frac{\ln\tan x}{\cos x\sin x}dx$；

(5) $\int_{0}^{\pi}\sin^2\frac{x}{2}dx$；　　(6) $\int_{1}^{2}\frac{1}{x^2}e^{\frac{1}{x}}dx$；

(7) $\int_{1}^{e}\frac{x^2+\ln x^2}{x}dx$；

(8) $\int_{0}^{2}f(x)dx$，其中 $f(x)=\begin{cases}2x & 0\leq x\leq 1\\ 5 & 1<x\leq 2\end{cases}$；

(9) $\int_{0}^{1}\frac{2x+3}{1+x^2}dx$；　　(10) $\int_{0}^{\frac{1}{2}}\frac{1+x}{\sqrt{1-x^2}}dx$.

3. 求下列极限：

(1) $\lim\limits_{x\to 1}\frac{\int_{1}^{x}t(t-1)dt}{x-1}$；　　(2) $\lim\limits_{x\to 0}\frac{\int_{0}^{x}(\sqrt{1+t}-\sqrt{1-t})dt}{x^2}$.

4. 求 $F(x)=\int_{0}^{x}t(t-2)dt$ 在区间 $[-1,3]$ 上的最大值最小值.

5. 设 $\int_{0}^{x}(x-t)f(t)dt=1-\cos x$，求证：$\int_{0}^{\frac{\pi}{2}}f(x)dx=1$.

习题 5-2 答案与提示

1.

(1) $F'(x)=-x^2e^{-x^2}$.

(2) $F'(x)=x$.

(3) $F'(x)=\cos x^2+\cos x\cos(\sin^2 x)$.

2.

(1) $\frac{1}{4}$.　　(2) $\pi-\frac{4}{3}$.　　(3) $\frac{4}{5}$.　　(4) $\frac{1}{8}(\ln 3)^2$.

(5) $\frac{\pi}{2}$.　　(6) $e-\sqrt{e}$.　　(7) $\frac{1}{2}(e^2+1)$.　(8) 6.

(9) $\ln 2+\frac{3}{4}\pi$.　　(10) $\frac{\pi}{6}-\frac{\sqrt{3}}{2}+1$.

3. (1) 0　　(2) $\frac{1}{2}$.

4. 最大值为 0，最小值为$-\frac{4}{3}$.

5. 提示：对已知等式两边求导，得 $\int_0^x f(t)dt=\sin x$，再取 $x=\frac{\pi}{2}$即可.

第三节　定积分的换元法与分部积分法

一、定积分的换元法

在不定积分中可用换元积分法求出一些函数的原函数，因此，在一定条件下，也可以用换元法计算定积分.

定理 1　设函数$f(x)$在区间$[a, b]$上连续，函数 $x=\varphi(t)$，满足条件：

(1) $\varphi(\alpha)=a, \varphi(\beta)=b$.

(2) $\varphi(t)$在$[\alpha, \beta]$（或$[\beta, \alpha]$）上单调，且$\varphi'(t)$连续.

则 $\int_a^b f(x)\mathrm{d}x=\int_\alpha^\beta f[\varphi(t)]\varphi'(t)\,\mathrm{d}t$.

证明：设 $F(x)$ 是$f(x)$ 的一个原函数，则有

$\int_a^b f(x)\mathrm{d}x=F(b)-F(a)$，

又$F[\varphi(x)]$是$f[\varphi(x)]\varphi'(x)$的一个原函数，故

$\int_\alpha^\beta f[\varphi(t)]\varphi'(t)\,\mathrm{d}t=F[\varphi(t)]\Big|_\alpha^\beta=F[\varphi(\beta)]-F[\varphi(\alpha)]=F(b)-F(a)$.

【注】

(1) $\varphi(t)$ 单调保证 $\varphi(t)$ 的值域在 $[a,\ b]$ 内.

(2) 定积分换元要换限.

(3) 能使用第一换元积分法（凑微分法）求原函数的定积分问题可不用换元.

(4) 凑微分法是求不定积分的重要方法之一，它主要解决带有复合函数乘积的不定积分，定积分也是如此.

(5) 第二换元积分法主要解决带有根号且不能凑微分的定积分（不定积分），换元的主要目的是去根号.

例 1.　求定积分 $\int_0^3 \frac{x}{1+\sqrt{1+x}}\mathrm{d}x$.

解： 令 $\sqrt{1+x}=t$，则 $x=t^2-1$　$\mathrm{d}x=2t\mathrm{d}t$，$x\in[0,\ 3]$，$t\in[1,\ 2]$

$$\int_0^3 \frac{x}{1+\sqrt{1+x}}\mathrm{d}x=\int_1^2 \frac{t^2-1}{1+t}2t\mathrm{d}t=2\int_1^2 t\ (t-1)\ \mathrm{d}t=2\ (\frac{t^3}{3}-\frac{t^2}{2})\Big|_1^2=\frac{5}{3}.$$

【注】例 1 这类问题可统称为直接换元积分法，它针对被积函数中只有一个根号，且根号内是一次式的定积分.

例 2.　求定积分 $\int_0^{\frac{1}{2}} \frac{x^2}{\sqrt{1-x^2}}\mathrm{d}x$.

解： 令 $x=\sin t$，$\mathrm{d}x=\cos t\mathrm{d}t$，$x^2=\sin^2 t$，$\sqrt{1-x^2}=\cos t$，

$x\in[0,\ \frac{1}{2}]$，$t\in[0,\ \frac{\pi}{6}]$.

$$\int_0^{\frac{1}{2}} \frac{x^2}{\sqrt{1-x^2}}\mathrm{d}x=\int_0^{\frac{\pi}{6}}\sin^2 t\mathrm{d}t=\frac{1}{2}\int_0^{\frac{\pi}{6}}(1-\cos 2t)\mathrm{d}t=(\frac{t}{2}-\frac{1}{4}\sin 2t)\Big|_0^{\frac{\pi}{6}}=\frac{\pi}{12}-\frac{\sqrt{3}}{8}.$$

【注】例 2 这类问题可统称为三角换元积分法，它针对被积函数中只有一个根号，且根号内是二次式的定积分，换元方法与不定积分一致.

例 3.　求定积分 $\int_0^1 \frac{1}{1+\mathrm{e}^x}\mathrm{d}x$.

解： 令 $\mathrm{e}^x=t$，则 $x=\ln t$，$\mathrm{d}x=\frac{1}{t}\mathrm{d}t$，$x\in[0,\ 1]$，$t\in[1,\ \mathrm{e}]$

$$\int_0^1 \frac{1}{1+e^x}dx=\int_1^e \frac{1}{t(t+1)}dx=\int_1^e \left(\frac{1}{t}-\frac{1}{t+1}\right)\ dt=\ln\frac{t}{t+1}\bigg|_1^e=\ln\frac{2e}{e+1}.$$

【注】例 3 说明一些不带根号的定积分计算也可采用换元法.

例 4. 求定积分 $\int_0^a \sqrt{a^2-x^2}\,dx$ （$a>0$）.

解： 此题可用三角换元积分法求解（读者自己做），但利用定积分的几何意义直接可得积分值为$\frac{\pi}{4}a^2$.

例 5. 证明：

(1) 若$f(x)$在$[-a, a]$上连续且为奇函数，则$\int_{-a}^a f(x)\,dx=0$.

(2) 若$f(x)$在$[-a, a]$上连续且为偶函数，则$\int_{-a}^a f(x)\,dx=2\int_0^a f(x)\,dx$.

证明： (1) $\because\ \int_{-a}^a f(x)\,dx=\int_{-a}^0 f(x)\,dx+\int_0^a f(x)\,dx$，

对积分$\int_{-a}^0 f(x)\,dx$作代换$x=-t$，则得

$$\int_{-a}^0 f(x)\,dx=-\int_a^0 f(-t)\,dt=\int_0^a f(-t)\,dt=-\int_0^a f(t)\,dt=-\int_0^a f(x)\,dx,$$

于是$\int_{-a}^a f(x)\,dx=0$.

(2) 同理可证.

【注】

(1) 换元积分法常用于证明积分等式，定积分等式证明如何换元是关键，且常利用定积分的区间可加性.

(2) 利用例 5 结论常可简化计算偶函数、奇函数在对称于原点的区间上的定积分.

例 6. 计算定积分$\int_{-1}^1 x\ (\cos x+xe^{x^3})\ dx$.

解： $\int_{-1}^1 x\ (\cos x+xe^{x^3})\ dx=\int_{-1}^1 x\cos x\,dx+\int_{-1}^1 x^2e^{x^3}dx=0+\frac{1}{3}\int_{-1}^1 e^{x^3}dx^3$

$=\frac{1}{3}e^{x^3}\bigg|_{-1}^1=\frac{1}{3}\ \left(e-\frac{1}{e}\right)$.

例 7　证明：$\int_0^{\pi}\sin^n x\mathrm{d}x=2\int_0^{\frac{\pi}{2}}\sin^n x\mathrm{d}x$.

证明：$\int_0^{\pi}\sin^n x\mathrm{d}x=\int_0^{\frac{\pi}{2}}\sin^n x\mathrm{d}x+\int_{\frac{\pi}{2}}^{\pi}\sin^n x\mathrm{d}x$,

对 $\int_{\frac{\pi}{2}}^{\pi}\sin^n x\mathrm{d}x$ 作代换 $x=\pi-t$，则得

$$\int_{\frac{\pi}{2}}^{\pi}\sin^n x\mathrm{d}x=-\int_{\frac{\pi}{2}}^{0}\sin^n t\mathrm{d}t=\int_0^{\frac{\pi}{2}}\sin^n t\mathrm{d}t,$$

则 $\int_0^{\pi}\sin^n x\mathrm{d}x=2\int_0^{\frac{\pi}{2}}\sin^n x\mathrm{d}x$.

二、分部积分法

计算不定积分有分部积分法，计算定积分相应也有分部积分法，下面给出定积分的分部积分公式。

定理 2　设函数 $u(x)$，$v(x)$ 在区间 $[a,\ b]$ 上具有连续导函数，

则 $\int_a^b u(x)\mathrm{d}v(x)=u(x)v(x)\Big|_a^b-\int_a^b v(x)\mathrm{d}u(x)$

证明：由乘积的求导公式：$[u(x)v(x)]'=u'(x)v(x)+v'(x)u(x)$

两边取定积分有 $\int_a^b[u(x)v(x)]'\mathrm{d}x=\int_a^b u'(x)v(x)\mathrm{d}x+\int_a^b v'(x)u(x)\mathrm{d}x$

从而 $\int_a^b u(x)\mathrm{d}v(x)=u(x)v(x)\Big|_a^b-\int_a^b v(x)\mathrm{d}u(x)$.

【注】

（1）定积分的分部积分公式常用来解决一般乘积形式的定积分 .

（2）使用定积分的分部积分公式的难点在于 $u(x)$，$v(x)$ 的确定 . 与不定积分类似，这类题的被积函数大部分是指数函数，三角函数，幂函数，对数函数和反三角函数的乘积形式，它们与 $\mathrm{d}x$ 凑成 $\mathrm{d}v(x)$ 的能力从前到后是渐弱的 . 可采用以下方法记忆：远亲（对数函数和反三角函数）不如近邻（幂函数），近邻不如对门（三角函数），对门不如家里人（指数函数）.

例 1　求定积分 $\int_1^{\mathrm{e}}x\ln x\mathrm{d}x$.

解：（远亲与近邻的关系）

$$\int_1^e x\ln x\mathrm{d}x=\frac{1}{2}\int_1^e \ln x\mathrm{d}x^2=\frac{1}{2}\left(x^2\ln x\Big|_1^e-\int_1^e x^2\mathrm{d}\ln x\right)=\frac{1}{2}\left(\mathrm{e}^2-\int_1^e x\mathrm{d}x\right)$$

$$=\frac{1}{2}\left(\mathrm{e}^2-\frac{1}{2}x^2\Big|_1^e\right)=\frac{1}{4}\left(\mathrm{e}^2+1\right).$$

例 2　求定积分 $\int_0^{\sqrt{3}}\ln\left(x+\sqrt{1+x^2}\right)\mathrm{d}x$.

解：$\int_0^{\sqrt{3}}\ln\left(x+\sqrt{1+x^2}\right)\mathrm{d}x=x\ln\left(x+\sqrt{1+x^2}\right)\Big|_0^{\sqrt{3}}-\int_0^{\sqrt{3}}\frac{x}{1+x^2}\mathrm{d}x$

$$=\sqrt{3}\ln\left(\sqrt{3}+2\right)-\sqrt{1+x^2}\Big|_0^{\sqrt{3}}=\sqrt{3}\ln\left(\sqrt{3}+2\right)-1$$

例 3　设 $f''(x)$ 连续，且 $f(0)=1, f(2)=3, f'(2)=5$，求 $\int_0^1 xf''(2x)\mathrm{d}x$.

解：$\int_0^1 xf''(2x)\mathrm{d}x=\frac{1}{2}\int_0^1 x\mathrm{d}f'(2x)=\frac{1}{2}xf'(2x)\Big|_0^1-\frac{1}{2}\int_0^1 f'(2x)\mathrm{d}x$

$$=\frac{1}{2}f'(2)-\frac{1}{4}f(2x)\Big|_0^1=\frac{1}{2}f'(2)-\frac{1}{4}[f(2)-f(0)]=2$$

【注】被积函数中出现导函数时，常常先凑微分再使用分部积分公式．

例 4　求 $\int_0^1 x^2\mathrm{e}^x\mathrm{d}x$.

解：（家里人与近邻的关系）

$$\int_0^1 x^2\mathrm{e}^x\mathrm{d}x=\int_0^1 x^2\mathrm{d}\mathrm{e}^x=x^2\mathrm{e}^x\Big|_0^1-2\int_0^1 x\mathrm{e}^x\mathrm{d}x=\mathrm{e}-2\int_0^1 x\mathrm{d}\mathrm{e}^x=\mathrm{e}-2\left[x\mathrm{e}^x\Big|_0^1-\int_0^1\mathrm{e}^x\mathrm{d}x\right]$$

$$=\mathrm{e}-2[\mathrm{e}-(\mathrm{e}-1)]=\mathrm{e}-2.$$

三、学法建议

1. 本节的重点是会用定积分的换元积分法与分部积分法求定积分，会证明简单的定积分等式．

2. 会用定积分的几何意义、被积函数的奇偶性（对称区间上的定积分）求定积分的值．

习题 5−3

一、计算题

1. 求下列定积分的值：

(1) $\int_{1}^{10}\frac{\sqrt{x-1}}{x}dx$；　　(2) $\int_{-2}^{2}(x-2)\sqrt{4-x^2}dx$；

(3) $\int_{0}^{\sqrt{3}}\frac{1}{\sqrt{x^2+1}}dx$；　　(4) $\int_{1}^{64}\frac{1}{\sqrt{x}+\sqrt[3]{x}}dx$；

(5) $\int_{e}^{e^3}\frac{\sqrt{1+\ln x}}{x}dx$；　　(6) $\int_{0}^{a}x^2\sqrt{a^2-x^2}dx\ (a>0)$；

(7) $\int_{0}^{1}\frac{x^2}{(1+x^2)^2}dx$；　　(8) $\int_{0}^{1}\frac{dx}{\sqrt{(1+x^2)^3}}$.

2. 求下列定积分的值：

(1) $\int_{1}^{e-1}x\ln(x+1)dx$；　　(2) $\int_{0}^{1}xe^{-x}dx$；

(3) $\int_{1}^{e}(\ln x)^3dx$；　　(4) $\int_{0}^{\frac{\pi}{2}}x\sin xdx$；

(5) $\int_{0}^{1}x\arctan xdx$；　　(6) $\int_{0}^{1}(\arccos x)^2dx$.

3. 设 $f(\pi)=1$，$\int_{0}^{\pi}[f(x)+f''(x)]\sin xdx=3$，求 $f(0)$.

4. 已知 $f(2x+1)=xe^x$，求 $\int_{3}^{5}f(t)dt$.

二、证明题：

1. (1) 设 $f(t)$ 为连续的奇函数，求证：$\Phi(x)=\int_{0}^{x}f(t)dt$ 是偶函数.

　(2) 设 $f(t)$ 为连续的偶函数，求证：$\Phi(x)=\int_{0}^{x}f(t)dt$ 是奇函数.

2. 设 $f(x)$ 是以 T 为周期的连续函数，证明 $\int_{a}^{a+T}f(x)dx$ 的值与 a 无关.

3. 设$f(x)$在$[0,1]$上连续，求证：$\int_0^{\frac{\pi}{2}} f(\sin x)\,dx=\int_0^{\frac{\pi}{2}} f(\cos x)\,dx$.

4. 证明：$\int_0^1 x^m(1-x)^n dx=\int_0^1 x^n(1-x)^m dx$.

习题 5-3 答案与提示

一、

1. （1）$2(3-\arctan 3)$．　（2）-4π.　（3）$\ln(2+\sqrt{3})$．

（4）$11-6\ln\frac{3}{2}$.　（5）$\frac{4}{3}(4-\sqrt{2})$．　（6）$\frac{1}{4}\pi a^2$.

（7）$-\frac{1}{4}\left(\frac{\pi}{2}-1\right)$．　（8）$-\frac{\sqrt{2}}{2}$.

2. （1）$\frac{1}{4}(e^2-3)$．　（2）$1-\frac{2}{e}$.　（3）$6-2e$.

（4）1.　（5）$\frac{\pi}{4}-\frac{1}{2}$．　（6）$\pi-2$.

3. 8.　4. $2e^2$.

二、

1. 利用奇（偶）函数定义和换元积分法．

2. 由$\int_a^{a+T} f(x)\,dx=\int_a^0 f(x)\,dx+\int_0^T f(x)\,dx+\int_T^{a+T} f(x)\,dx$，

得到$\int_a^{a+T} f(x)=\int_0^T f(x)\,dx$.

3. 令$x=\frac{\pi}{2}-t$.　4. 令$1-x=t$.

第四节　定积分的应用

一、定积分的元素法

实例分析

在求由曲线 $y=f(x)\,(f(x)\geq 0)$，$x=a$，$x=b$，x 轴所围成平面图形的面积 S 时，采取的是："分割求近似，求和取极限"的方法，得到 $S=\lim\limits_{x\to 0}\sum\limits_{i=1}^{n}f(\zeta_k)\Delta x_k=\int_a^b f(x)\,\mathrm{d}x$，其关键在于用分割后能求出面积微元 ΔS_i 的近似替代 $f(\zeta_i)\,\Delta x_i$. 为了阐明这个近似替代的本质，在区间［a，b］内任取一个子区间［x，$x+\Delta x$］，并略去其下标 i. 这个子区间上对应的小曲边梯形的面积 $\Delta S\approx f(x)\Delta x=f(x)\,\mathrm{d}x$，把 $f(x)\,\mathrm{d}x$ 作为被积式求从 a 到 b 的定积分，即得面积 $S=\int_a^b f(x)\,\mathrm{d}x$（图 5-6）.

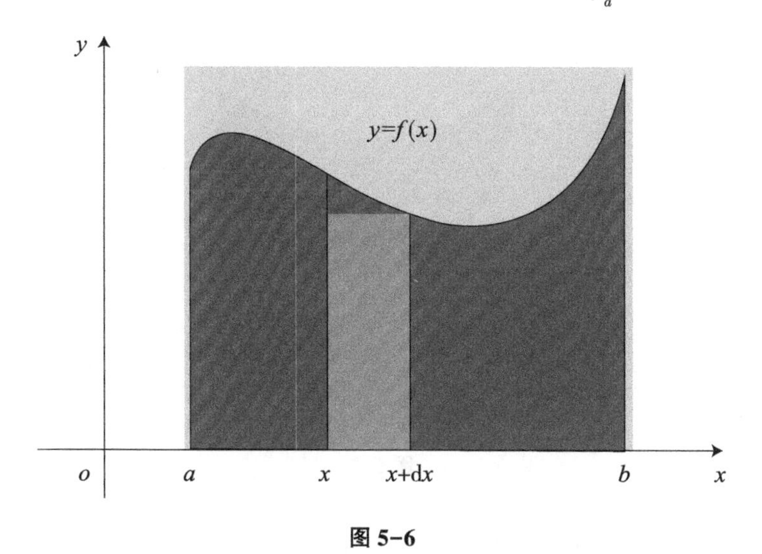

图 5-6

通常用 $\mathrm{d}S$ 表示 $f(x)\,\mathrm{d}x$，把 $\mathrm{d}S=f(x)\,\mathrm{d}x$ 称为面积元素.

可作如下对比理解：$f(x)\mathrm{d}x$ 对应 $f(\zeta_i)\Delta x_i$，$\int_a^b$ 对应 $\lim\limits_{\lambda\to 0}\sum\limits_{i=1}^{n}$.

具体步骤如下：

（1）在区间［a，b］上任取一点 x，当 x 有增量 Δx 时，求出相应于这个小区间的待求量 A 的部分量 ΔA 的近似值 $f(x)\mathrm{d}x$，记为 $\mathrm{d}A$，即：$\mathrm{d}A=f(x)\mathrm{d}x$.

（2）$A=\int_a^b f(x)\mathrm{d}x$ 就是所求量 A 的积分表达式．这种方法通常叫作元素法，$\mathrm{d}A=f(x)\mathrm{d}x$ 称为待求量 A 的微元．

二、平面图形的面积

1. 直角坐标的面积公式

（1）如果函数 $f_1(x)$ 与 $f_2(x)$ 在区间［a，b］上总有 $f_2(x)\geq f_1(x)$，则由连续曲线 $y=f_1(x)$，$y=f_2(x)$ 与直线 $x=a$，$x=b$ 所围成的平面图形的面积

$S=\int_a^b[f_2(x)-f_1(x)]\mathrm{d}x$（见图 5-7）．

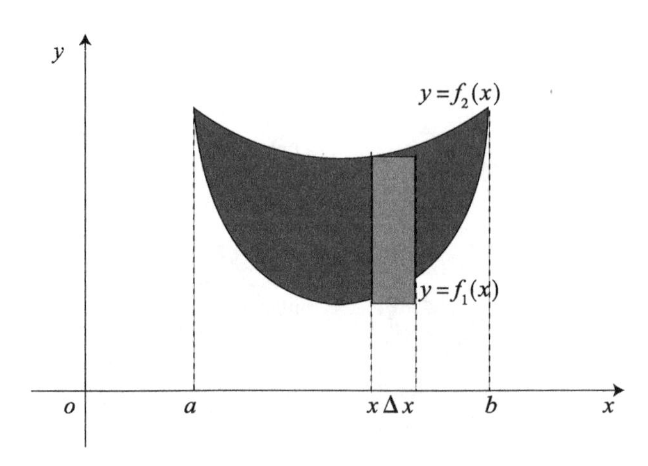

图 5-7

事实上由元素法，面积微元 $\mathrm{d}S=[f_2(x)-f_1(x)]\mathrm{d}x$，$(\Delta x=\mathrm{d}x)$

所以 $S=\int_a^b[f_2(x)-f_1(x)]\mathrm{d}x$.

同样有下面关于 y 的积分情形：

（2）如果函数 $x=\varphi(y)$ 与 $x=\Psi(y)$ 在区间 $[c, d]$ 上总有 $\varphi(y)\geq\Psi(y)$，则由连续曲线 $x=\varphi(y)$，$x=\Psi(y)$ 与直线 $y=c$，$y=d$ 所围成的平面图形的面积 $S=\int_c^d[\varphi(y)-\Psi(y)]\,\mathrm{d}y$

【注】所有平面图形的面积都是若干块上述两种形式面积的和.

求平面图形面积的步骤：

（1）画图定出图形所在范围；

（2）求围成平面图形的各条曲线的交点坐标；

（3）确定关于 x 积分还是关于 y 积分或需分成几部分，然后定出积分限；

（4）写出面积的积分表达式；

（5）求出积分值（面积）.

例 1　求由曲线 $y=x^2$，$x=y^2$ 所围成的平面图形的面积 S（见图 5-8）.

解： $y=x^2$ 与 $x=y^2$ 交点为（0，0）和（1，1）

$$S=\int_0^1(\sqrt{x}-x^2)\,\mathrm{d}x=\left(\frac{2}{3}x^{\frac{3}{2}}-\frac{1}{3}x^3\right)\Big|_0^1=\frac{1}{3}.$$

此题也可以关于 y 积分

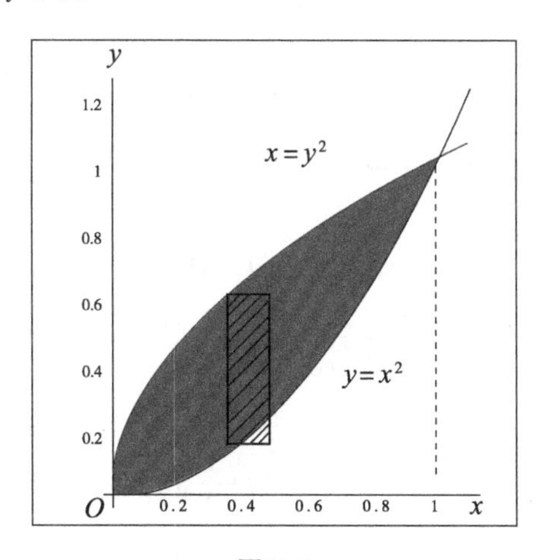

图 5-8

例 2 求由抛物线 $y^2=2x$ 与直线 $y=x-4$ 所围成的平面图形的面积（见图 5-9）.

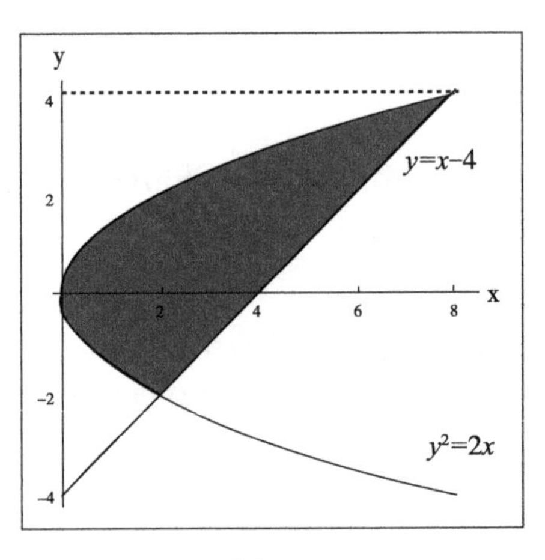

图 5-9

解：解方程组$\begin{cases}y^2=2x\\y=x-4\end{cases}$解得交点（2，-2）和（8，4），

$$S=\int_{-2}^{4}\left(y+4-\frac{y^2}{2}\right)\mathrm{d}y=\left(\frac{y^2}{2}+4y-\frac{y^3}{6}\right)\Bigg|_{-2}^{4}=18.$$

请读者自己用关于 x 的积分计算此面积值（此时图形被分为两部分）.

例 3 求椭圆$\frac{x^2}{a^2}+\frac{y^2}{b^2}=1$所围成的图形的面积（见图 5-10）.

解：$S=4\int_0^a\frac{b}{a}\sqrt{a^2-x^2}\,\mathrm{d}x$，令 $x=a\sin t$，则

$$S=\frac{4b}{a}\int_0^{\frac{\pi}{2}}a^2\cos^2 t\mathrm{d}t=4ab\int_0^{\frac{\pi}{2}}\cos^2 t\mathrm{d}t$$

$$=2ab\int_0^{\frac{\pi}{2}}(1+\cos 2t)\,\mathrm{d}t=2ab\left(t+\frac{1}{2}\sin 2t\right)\Bigg|_0^{\frac{\pi}{2}}=\pi ab.$$

特别地 $a=b$ 时，得到半径为 a 的圆的面积公式 $S=\pi a^2$.

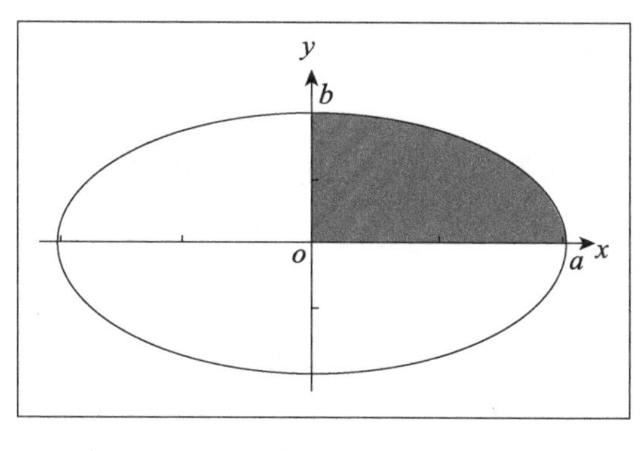

图 5-10

【注】

(1) 求平面图形面积时选择关于 x 积分还是关于 y 积分很重要 .

(2) 中学教材中常见的面积公式几乎都能利用定积分推出 .

2. 极坐标的面积公式

极坐标

设 $P(x, y)$ 是平面直角坐标系下一个点，则点 P 可由另外两个数 ρ，θ 来确定，其中 ρ 为点 P 到原点 O 的距离，θ 为 x 轴正半轴到 OP 的转角，则称 (ρ, θ) 为点 P 的极坐标，记为 $P(\rho, \theta)$，此时称 O 为极点，x 轴的正半轴为极轴，ρ 称为极径，θ 称为极角 .

极坐标系下的坐标曲线

ρ=常数，表示圆；θ=常数，表示半直线（射线）.

直角坐标与极坐标之间的关系

$$\begin{cases} x=\rho\cos\theta \\ y=\rho\sin\theta \end{cases} \quad 0\le\rho<+\infty,\ 0\le\theta\le 2\pi.$$

$$\begin{cases} \rho=\sqrt{x^2+y^2} \\ \theta=\arctan\dfrac{y}{x} \end{cases},\ -\infty<x,\ y<+\infty.$$

极坐标的面积公式

由连续曲线 $\rho=\rho(\theta)$ 及射线 $\theta=\alpha$，$\theta=\beta$ 围成的图形（曲边扇形）的面积

$S=\int_{\alpha}^{\beta}\frac{1}{2}\rho^{2}(\theta)\mathrm{d}\theta$（见图 5-11）.

事实上由元素法及扇形面积公式知 $\mathrm{d}s=\frac{1}{2}\rho^{2}(\theta)\mathrm{d}\theta$,从而

$S=\int_{\alpha}^{\beta}\frac{1}{2}\rho^{2}(\theta)\mathrm{d}\theta$.

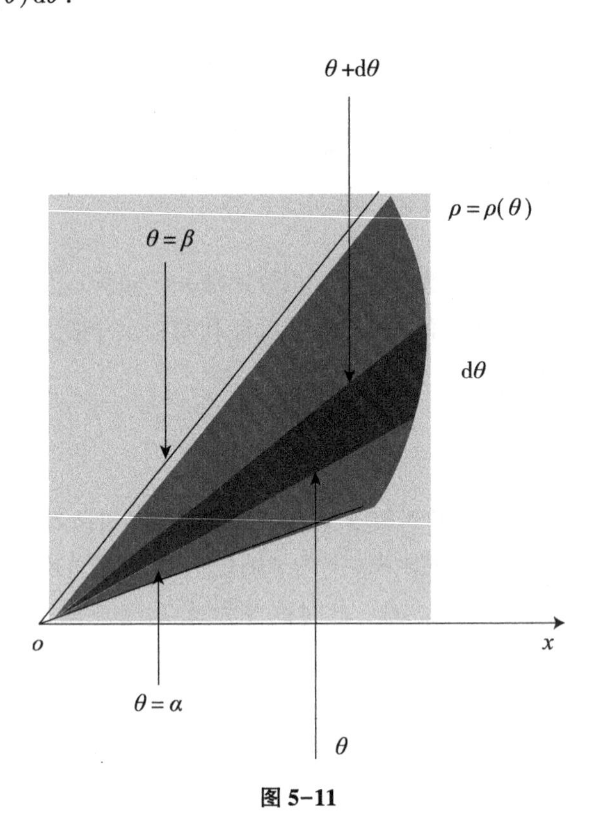

图 5-11

例 4 计算心形线 $\rho=a(1+\cos\theta)(a>0)$ 所围成的图形的面积（如图 5-12）.

解： $S=2\int_{0}^{\pi}\frac{1}{2}a^{2}(1+\cos\theta)^{2}\mathrm{d}\theta=a^{2}\int_{0}^{\pi}(1+\cos\theta)^{2}\mathrm{d}\theta$

$$=a^{2}\int_{0}^{\pi}(1+2\cos\theta+\cos^{2}\theta)\mathrm{d}\theta=a^{2}\int_{0}^{\pi}(\frac{3}{2}+2\cos\theta+\frac{1}{2}\cos 2\theta)\mathrm{d}\theta$$

$$= a^2(\frac{3}{2}\theta + 2\sin\theta + \frac{1}{4}\sin 2\theta)\Big|_0^{\pi} = \frac{3}{2}\pi a^2.$$

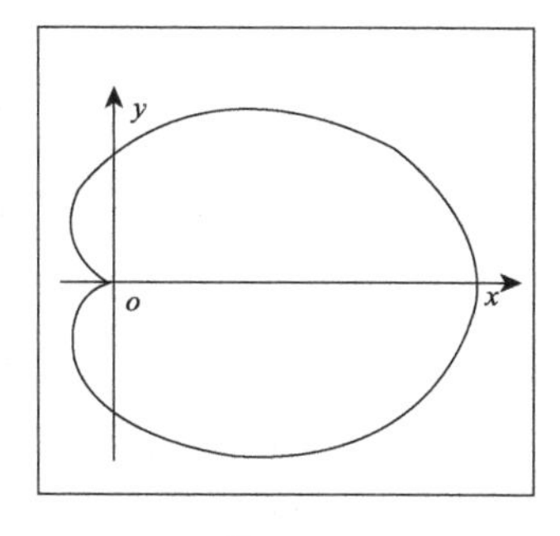

图 5-12

三、旋转体体积

定义 1　由一个平面图形绕着平面内一条直线旋转一周而成的立体称为旋转体，这条直线称为旋转轴．

旋转轴为坐标轴的旋转体体积公式：

（1）由连续曲线 $y=f(x)$，直线 $x=a$，$x=b$ 及 x 轴所围成的曲边梯形绕 x 轴旋转一周所成的旋转体体积 $V_x=\pi\int_a^b f^2(x)\,dx$（如图 5-13）．

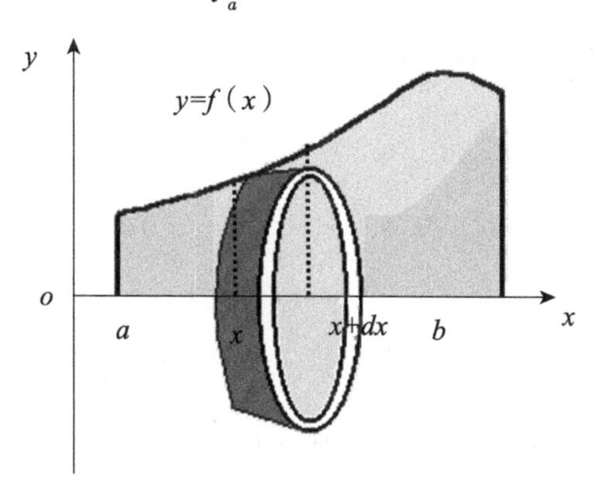

图 5-13

事实上，由元素法可知 $dV_x=\pi f^2(x)dx$

从而 $V_x=\int_a^b \pi f^2(x)dx$.

同样有下面绕 y 轴旋转的情形：

（2）由连续曲线 $x=\varphi(y)$，直线 $y=c$，$y=d$ 及 y 轴所围成的曲边梯形绕 y 轴旋转一周所成旋转体体积 $V_y=\pi\int_c^d \varphi^2(y)dy$（如图 5-14）.

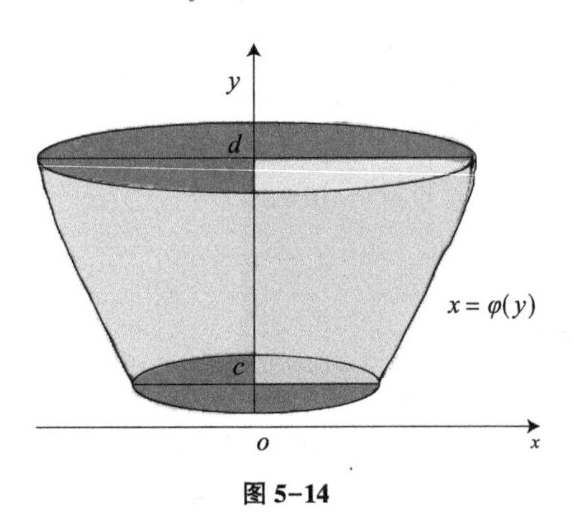

图 5-14

例 5 求由椭圆 $\frac{x^2}{a^2}+\frac{y^2}{b^2}=1$ 所围成图形绕 x 轴旋转一周而成的旋转椭球体的体积.

解：这个旋转体可以看作由上半椭圆 $y=\frac{b}{a}\sqrt{a^2-x^2}$ 及 x 轴围成的平面图形绕 x 轴旋转而成，则：

$$V_x=\pi\int_{-a}^{a}\left(\frac{b}{a}\sqrt{a^2-x^2}\right)^2dx=\frac{\pi b^2}{a^2}\int_{-a}^{a}(a^2-x^2)dx$$

$$=\frac{\pi b^2}{a^2}\left(a^2x-\frac{x^3}{3}\right)\Bigg|_{-a}^{a}=\frac{4}{3}\pi ab^2$$

当 $a=b$ 时，便得半径为 a 的球体的体积 $V=\frac{4}{3}\pi a^3$，请读者自己求出绕 y 轴旋转时所成椭球体体积.

【注】中学教材中旋转体的体积公式都可用这种方法推出.

例 6　求由曲线 $y=x^2$ 和直线 $y=x$ 所围平面图形绕 x 轴旋转一周所成旋转体体积.

解：解方程组$\begin{cases} y=x^2 \\ y=x \end{cases}$得交点坐标为（0，0），（1，1）.

则所求体积为由 $y=x$，$x=0$，$x=1$，x 轴所围平面图形绕 x 轴旋转一周所成旋转体体积 V_1 减去由 $y=x^2$，$x=0$，$x=1$，x 轴所围平面图形绕 x 轴旋转一周所成旋转体体积 V_2.

从而 $V=V_1-V_2=\pi\int_0^1 x^2\mathrm{d}x-\pi\int_0^1 x^4\mathrm{d}x=\dfrac{\pi}{3}-\dfrac{\pi}{5}=\dfrac{2}{15}\pi$.

四、平行截面面积为已知的立体的体积

设一物体，它被垂直于直线（设为 x 轴）的截面所截的面积 $S(x)$ 是 x 的连续函数，且此物体的位置在 $x=a$ 与 $x=b$ $(a<b)$ 之间，则此物体的体积为 $\int_a^b S(x)\mathrm{d}x$（见图 5-15）.

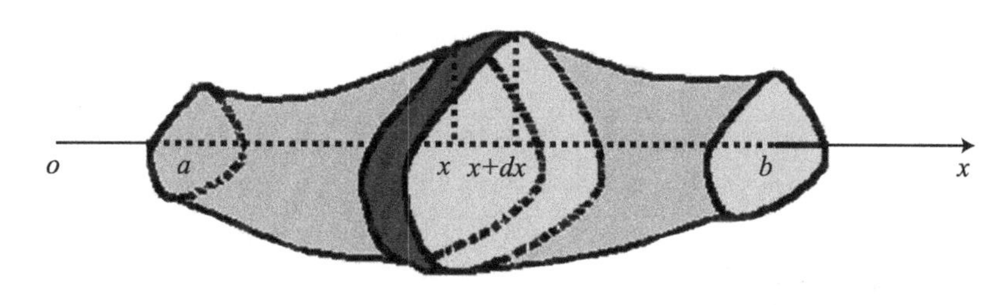

图 5-15

事实上，由元素法 $\mathrm{d}V=S(x)\,\mathrm{d}x$，从而 $V=\int_a^b S(x)\mathrm{d}x$.

例 7　一平面经过半径为 R 的圆柱体的底圆中心，并与底面交成角 α，计算这个平面截圆柱体所得立体的体积（见图 5-16）.

解：取平面与圆柱体底面的交线为 x 轴，底面的中心为坐标原点，建立坐标系（图 5-16）.

那么底圆方程为 $x^2+y^2=R^2$，在区间 $[-R, R]$ 上任取一点 x，过这点作垂直于 x 轴的平面，与待求体积的立体相截，得截面为直角三角形，其面积为 $S(x)=\frac{1}{2}(R^2-x^2)\tan\alpha$，

$$V=\int_{-R}^{R}\frac{1}{2}(R^2-x^2)\tan\alpha \mathrm{d}x=\tan\alpha\int_{0}^{R}(R^2-x^2)\mathrm{d}x$$

$$=\tan\alpha\left(R^2x-\frac{1}{3}x^3\right)\Big|_0^R=\frac{2}{3}R^3\tan\alpha.$$

此题也可过 $[0, R]$ 上的点 y 作垂直于 y 轴的平行截面来计算这个立体的体积，读者不妨一试.

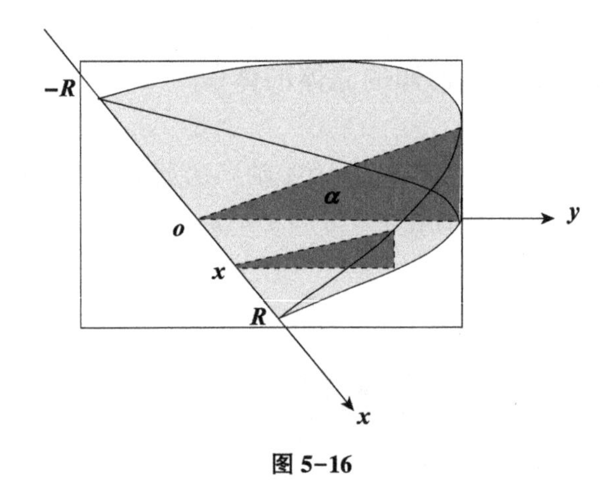

图 5-16

五、平面曲线的弧长

1. 直角坐标的情形

现在用定积分计算曲线 $y=f(x)$ 上相应于 x 从 a 到 b 的一段弧的长度（图 5-17）.

取横坐标 x 为积分变量，它的变化区间为 $[a, b]$. 如果函数 $y=f(x)$ 在 $[a, b]$ 上具有一阶连续导数，则曲线 $y=f(x)$ 上相应于 $[a, b]$ 上任意小区间

$[x, x+\mathrm{d}x]$ 的一段弧的长度，可以用该曲线在点 $(x, f(x))$ 处的切线上相应的一段长度近似代替，而切线上相应的小段的长度为 $\sqrt{(\mathrm{d}x)^2+(\mathrm{d}y)^2}=\sqrt{1+y'^2}\,\mathrm{d}x$，从而得弧长元素 $\mathrm{d}S=\sqrt{1+y'^2}\,\mathrm{d}x$，所以所求弧长为 $S=\int_a^b\sqrt{1+y'^2}\,\mathrm{d}x$.

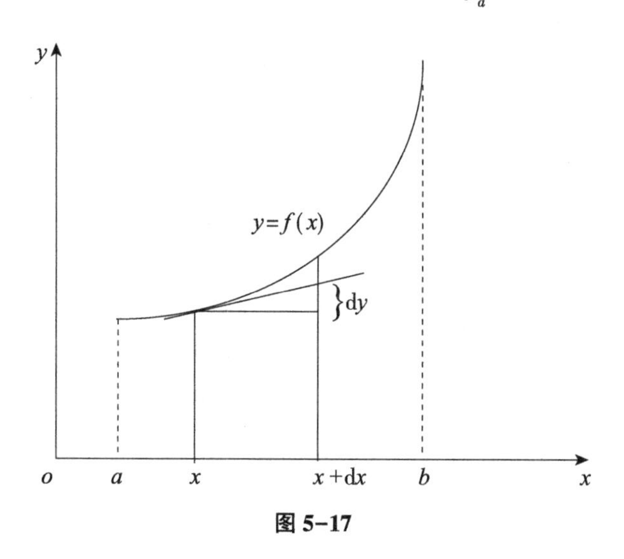

图 5-17

例 8　求曲线 $y=\frac{2}{3}x^{\frac{3}{2}}$ 上相应于 x 从 0 到 3 的一段弧的长度 .

解：$y'=x^{\frac{1}{2}}$，$\sqrt{1+y'^2}=\sqrt{1+x}$，

$$S=\int_0^3\sqrt{1+y'^2}\,\mathrm{d}x=\int_0^3\sqrt{1+x}\,\mathrm{d}x=\frac{2}{3}(1+x)^{\frac{3}{2}}\Big|_0^3=\frac{14}{3}.$$

2. 参数方程情形

对于有些曲线，利用参数方程计算它的弧长较方便 .

设曲线弧的参数方程为 $\begin{cases}x=x(t)\\y=y(t)\end{cases}\quad(\alpha\leq t\leq\beta)$，

且 $x'(t)$ 和 $y'(t)$ 连续，则曲线弧的长度 $S=\int_\alpha^\beta\sqrt{x'^2(t)+y'^2(t)}\,\mathrm{d}t$

事实上弧长元素 $dS=\sqrt{(dx)^2+(dy)^2}=\sqrt{x'^2(t)(dt)^2+y'^2(t)(dt)^2}$

$$=\sqrt{x'^2(t)+y'^2(t)}\,dt \quad t\in[\alpha,\beta]$$

则 $S=\int_{\alpha}^{\beta}\sqrt{x'^2(t)+y'^2(t)}\,dt$.

例 9 求半径为 R 的圆的周长.

解: 半径为 R 的圆的方程为 $\begin{cases}x=R\cos t\\ y=R\sin t\end{cases}$，$(0\le t\le 2\pi)$.

$$S=\int_0^{2\pi}\sqrt{(-R\sin t)^2+(R\cos t)^2}\,dt=\int_0^{2\pi}R\,dt=2\pi R.$$

例 10 求摆线 $\begin{cases}x=a(t-\sin t)\\ y=a(1-\cos t)\end{cases}$ 一拱$(0\le t\le 2\pi)$ 的弧长.

解: $S=\int_0^{2\pi}\sqrt{x'^2(t)+y'^2(t)}\,dt=\int_0^{2\pi}\sqrt{a^2(1-\cos t)^2+a^2\sin^2 t}\,dt$

$$=a\int_0^{2\pi}\sqrt{2-2\cos t}\,dt=2a\int_0^{2\pi}\sin\frac{t}{2}dt=8a.$$

3. 极坐标情形

设曲线弧由极坐标方程 $\rho=\rho(\theta)\,(\alpha\le\theta\le\beta)$ 给出，其中 $\rho(\theta)$ 在 $[\alpha,\beta]$ 上具有连续导数，则所求弧长为 $S=\int_{\alpha}^{\beta}\sqrt{\rho^2(\theta)+\rho'^2(\theta)}\,d\theta$.

事实上由直角坐标与极坐标的关系可得

$\begin{cases}x=\rho(\theta)\cos\theta\\ y=\rho(\theta)\sin\theta\end{cases}(\alpha\le\theta\le\beta)$，这是以极角 θ 为参数的曲线弧的参数方程．于是，弧长元素为 $dS=\sqrt{x'^2(\theta)+y'^2(\theta)}\,d\theta=\sqrt{\rho^2(\theta)+\rho'^2(\theta)}\,d\theta$，从而所求弧长为

$$S=\int_{\alpha}^{\beta}\sqrt{\rho^2(\theta)+\rho'^2(\theta)}\,d\theta.$$

例 11 求阿基米德螺线 $\rho=a\theta$ 由极点到任一点 P 的长度.

解: 设 P 点坐标为(ρ,θ)，

则: $S=a\int_0^{\theta}\sqrt{1+\theta^2}\,d\theta=\frac{a}{2}[\theta\sqrt{1+\theta^2}+\ln(\theta+\sqrt{1+\theta^2})]$.

六、定积分在物理中的简单应用

1. 变力做功

例 12　设有一弹簧，假定被压缩 0.5cm 时需用力 ln（牛顿），现弹簧在外力的作用下被压缩 3cm，求外力所做的功．

解：根据胡克定律，在一定的弹性范围内，将弹簧拉伸（或压缩）所需的力 F 与伸长量（压缩量）x 成正比，即

$F=kx$（$k>0$ 为弹性系数）

按假设当 $x=0.005$m 时，$F=$ln，代入上式得 $k=200$N/m，即有

$F=200x$，

所以取 x 为积分变量，x 的变化区间为 $[0,\ 0.03]$，

功微元为　$dW=F(x)\,dx=200x\,dx$，

于是弹簧被压缩了 3cm 时，外力所做的功为

$$W=\int_0^{0.03}200x\,dx=(100x^2)\Big|_0^{0.03}=0.09\ (\text{J})\ .$$

2. 液体对侧面的压力

例 13　一梯形闸门倒置于水中，两底边的长度分别为 $2a$，$2b$（$a<b$），高为 h，水面与闸门顶齐平，试求闸门上所受的压力 F．

解：取坐标系如图所示，$A(h,\ a)$，$B(o,\ b)$

则 AB 的方程为 $y=\dfrac{a-b}{h}x+b$，

取水深 x 为积分变量，x 的变化区间为 $[0,h]$，在 $[0,h]$ 上任取一子区间 $[x,x+dx]$，

与这个小区间相对应的小梯形上各点处的压强 $P=\gamma x$（γ 为水的比重），小梯形上所受的水压力

$$dF=(2y\,dx)\,\gamma x=2\gamma x\left(\frac{a-b}{h}x+b\right)dx$$

梯形上所受的总压力为

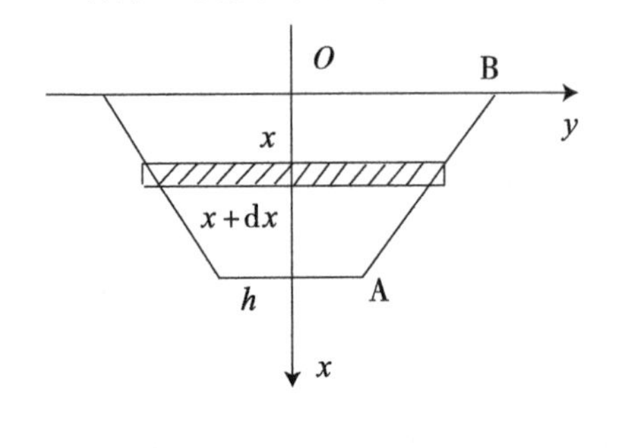

$$F=\int_0^h 2\gamma x(\frac{a-b}{h}x+b)\mathrm{d}x$$

$$=2\gamma\int_0^h(\frac{a-b}{h}x^2+bx)\mathrm{d}x$$

$$=2\gamma(\frac{a-b}{h}\frac{x^3}{3}+b\frac{x^2}{2})\Big|_0^h$$

$$=2\gamma(\frac{a-b}{3}+\frac{b}{2})h^2$$

$$=\frac{1}{3}(2a+b)\gamma h^2.$$

【注】 定积分的物理应用主要使用微元法 .

七、学法建议

1. 本节的重点是定积分的微元法（元素法），会用微元法求平面图形的面积、旋转体的体积、曲线弧长和解决一些物理问题 .

2. 用微元法解决实际问题的关键是如何定出部分量的近似表达式，即微元.如面积微元，功微元. 微元一般是部分量的线性主部，求它虽有一定规律，可以套用一些公式，但不希望死套公式，而应用所学知识学会自己去建立积分公式，这就需要多下功夫了 .

3. 用微元法解决实际问题应注意：

（1）选好坐标系，这关系到计算简繁问题；

（2）取好微元 $f(x)\mathrm{d}x$ ，经常应用“以匀代变”“以直代曲”的思想决定 ΔA 的线性主部，这关系到结果正确与否的问题；

（3）核对 $f(x)\mathrm{d}x$ 的量纲是否与所求总量的量纲一致 .

习题 5-4

1. 求下列各题中平面图形的面积：

（1）曲线 $y=x^2$ 与 $y=2-x^2$ 所围成的图形；

（2）曲线 $y=\dfrac{1}{x}$ 与直线 $y=x$，$x=2$ 所围成的图形；

（3）曲线 $y=x^2-8$ 与直线 $2x+y+8=0$，$y=-4$ 所围成的图形；

（4）曲线 $y=x^3-3x+2$ 介于两极值点之间部分与 x 轴所围的曲边梯形；

（5）圆 $r=1$ 与心脏线 $r=1+\cos\theta$ 所围成的平面图形的公共部分 .

2. 求下列平面图形分别绕 x 轴、y 轴旋转所产生的立体的体积：

（1）曲线 $y=\sqrt{x}$ 与直线 $x=1$、$x=4$、$y=0$ 所围成的图形；

（2）曲线 $y=x^3$ 与直线 $x=2$、$y=0$ 所围成的图形 .

3. 求以半径 R 的圆为底，平行且等于底圆直径的线段为顶，高为 h 的正劈锥体的体积（见图 5-18）.

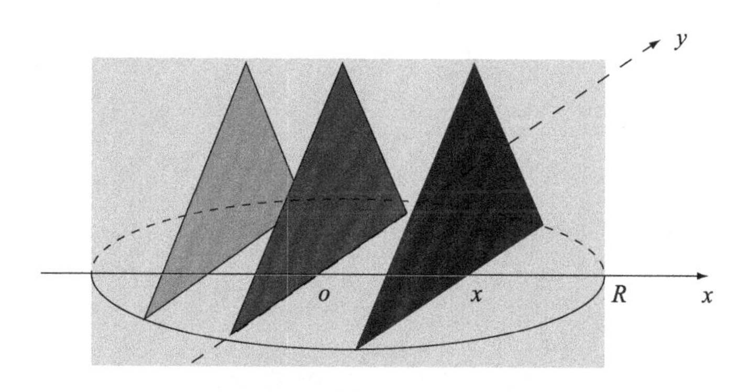

图 5-18

4. 求下列曲线段的弧长：

（1）曲线 $y=\ln x$ 上相应于 $\sqrt{3}\le x\le\sqrt{8}$ 的一段弧；

（2）星形线 $\begin{cases}x=a\cos^3 t\\ y=a\sin^3 t\end{cases}$ 的全长（见图 5 - 19）；

（3）心形线 $r=a(1+\cos\theta)$ 的全长 .

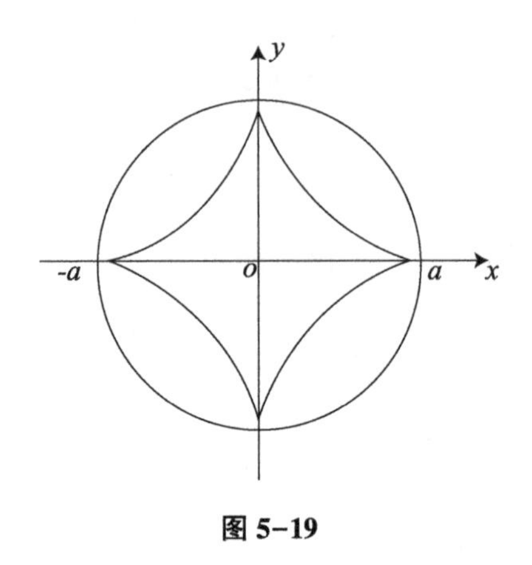

图 5-19

习题 5-4 答案与提示

1. （1）$\frac{8}{3}$.　（2）$\frac{3}{2}-\ln 2$.　（3）$\frac{28}{3}$.　（4）4.　（5）$\frac{5}{4}\pi-2$.

2. （1）$V_x=7.5\pi$，　$V_y=24.8\pi$.

　（2）$V_x=\frac{128}{7}\pi$，　$V_y=\frac{64}{5}\pi$.

3. $V=\frac{\pi R^2 h}{2}$.

4. （1）$1+\frac{1}{2}\ln\frac{3}{2}$.　（2）$6a$.　（3）$8a$.

第五节　广义积分

在前面介绍了定积分 $\int_a^b f(x)\,\mathrm{d}x$，都假定被积函数 $f(x)$ 在积分区间 $[a, b]$ 上是有界的，积分区间是有限的．但在自然科学和工程技术中往往会碰到无界函数或无限区间的积分问题，因此有必要把积分概念就这两种情形加以推广．

一、无穷区间的广义积分

定义 1　（1）设函数$f(x)$在无穷区间［a，$+\infty$）上连续，取$b>a$，如果极限$\lim\limits_{b\to+\infty}\int_a^b f(x)\mathrm{d}x$存在，则此极限值称为函数$f(x)$在无穷区间$[a,\ +\infty)$上的广义积分，记作$\int_a^{+\infty}f(x)\mathrm{d}x$.

即$\int_a^{+\infty}f(x)\mathrm{d}x=\lim\limits_{b\to+\infty}\int_a^b f(x)\mathrm{d}x$，这时也称广义积分$\int_a^{+\infty}f(x)\mathrm{d}x$收敛.

如果上述极限不存在，就称广义积分$\int_a^{+\infty}f(x)\mathrm{d}x$发散.

（2）设$f(x)$在无穷区间$[-\infty,\ b]$上连续，取$a<b$，如果极限$\lim\limits_{a\to-\infty}\int_a^b f(x)\mathrm{d}x$存在，则此极限称为$f(x)$在无穷区间$[-\infty,\ b]$上的广义积分，记作$\int_{-\infty}^b f(x)\mathrm{d}x$.

即$\int_{-\infty}^b f(x)\mathrm{d}x=\lim\limits_{a\to-\infty}\int_a^b f(x)\mathrm{d}x$，这时也称广义积分$\int_{-\infty}^b f(x)\mathrm{d}x$收敛.

如果上述极限不存在，就称广义积分$\int_{-\infty}^b f(x)\mathrm{d}x$发散.

（3）设函数$f(x)$在区间$(-\infty,\ +\infty)$上连续，如果广义积分$\int_{-\infty}^0 f(x)\mathrm{d}x$和$\int_0^{+\infty}f(x)\mathrm{d}x$都收敛，则称上述两个广义积分之和为函数$f(x)$在无穷区间$(-\infty,\ +\infty)$上的广义积分，记作$\int_{-\infty}^{+\infty}f(x)\mathrm{d}x$.

即：$\int_{-\infty}^{+\infty}f(x)\mathrm{d}x=\int_{-\infty}^0 f(x)\mathrm{d}x+\int_0^{+\infty}f(x)\mathrm{d}x$

这时也称广义积分$\int_{-\infty}^{+\infty}f(x)\mathrm{d}x$收敛，否则就称广义积分$\int_{-\infty}^{+\infty}f(x)\mathrm{d}x$发散.

【注】

（1）由定义可知，会求定积分会求极限就会求广义积分.

（2）为了方便，规定对广义积分可以使用如下的简单记号：

$\int_a^{+\infty} f(x)\mathrm{d}x = F(x)\Big|_a^{+\infty}$，其中$F(x)$是$f(x)$在$[a, b]$上的一个原函数，而$F(x)\Big|_a^{+\infty}$表示$\lim\limits_{b\to+\infty} F(x)\Big|_a^b$.

(3) 当$\int_a^{+\infty} f(x)\mathrm{d}x$发散时，这个符号已不表示确定的值了.

(4) 广义积分$\int_{-\infty}^0 f(x)\mathrm{d}x$和$\int_0^{+\infty} f(x)\mathrm{d}x$中只要有一个发散，则广义积分$\int_{-\infty}^{+\infty} f(x)\mathrm{d}x$发散.

(5) 当$f(x)\geq 0$时，$\int_a^{+\infty} f(x)\mathrm{d}x$表示曲线$y=f(x)$、$x=a$、$x$轴所围开口图形的面积.

例 1 计算广义积分$\int_2^{+\infty} \dfrac{\mathrm{d}x}{x^2+x-2}$.

解：$\int_2^{+\infty} \dfrac{\mathrm{d}x}{x^2+x-2} = \lim\limits_{b\to+\infty}\int_2^b \dfrac{\mathrm{d}x}{x^2+x-2} = \dfrac{1}{3}\lim\limits_{b\to+\infty}\left[\ln\left(\dfrac{x-1}{x+2}\right)\Big|_2^b\right]$

$$= \frac{1}{3}\lim_{b\to+\infty}\left[\ln\left(\frac{b-1}{b+2}\right)+2\ln 2\right] = \frac{2}{3}\ln 2.$$

也可简单表示为：$\int_2^{+\infty} \dfrac{\mathrm{d}x}{x^2+x-2} = \dfrac{1}{3}\ln\dfrac{x-1}{x+2}\Big|_2^{+\infty} = \dfrac{2}{3}\ln 2.$

例 2 判定广义积分$\int_0^{+\infty} \sin x\mathrm{d}x$的敛散性.

解：$\int_0^{+\infty} \sin x\mathrm{d}x = \lim\limits_{b\to+\infty}\int_0^b \sin x\mathrm{d}x = -\lim\limits_{b\to+\infty}\left[(\cos x)\Big|_0^b\right] = \lim\limits_{b\to+\infty}(1-\cos b)$，

上述极限不存在，故广义积分$\int_0^{+\infty} \sin x\mathrm{d}x$发散.

例 3 讨论广义积分$\int_1^{+\infty} \dfrac{1}{x^p}\mathrm{d}x$的敛散性.

解：当$p=1$时：$\int_1^{+\infty} \dfrac{1}{x}\mathrm{d}x = \lim\limits_{b\to+\infty}\int_1^b \dfrac{1}{x}\mathrm{d}x = \lim\limits_{b\to+\infty}[\ln x]\Big|_1^b = +\infty$；

当$p\neq 1$时：$\int_1^{+\infty} \dfrac{1}{x^p}\mathrm{d}x = \lim\limits_{b\to+\infty}\int_1^b \dfrac{1}{x^p}\mathrm{d}x = \lim\limits_{b\to+\infty}\left[\dfrac{x^{1-p}}{1-p}\right]\Big|_1^b = \begin{cases} +\infty & p<1 \\ \dfrac{1}{p-1} & p>1 \end{cases}$；

因此，广义积分$\int_0^{+\infty}\frac{1}{x^p}dx$，当$p>1$时收敛于$\frac{1}{p-1}$，当$p\leq 1$时发散．

二、无界函数的广义积分

现在把定积分推广到被积函数为无界函数的情形．

定义 2　(1) 设函数$f(x)$在$(a,b]$上连续，而$\lim\limits_{x\to a^+}f(x)=\infty$，取$a<c<b$，如果极限$\lim\limits_{c\to a^+}\int_c^b f(x)dx$存在，则此极限值称为函数$f(x)$在$(a,b]$上的广义积分，仍记作$\int_a^b f(x)dx$，即$\int_a^b f(x)dx=\lim\limits_{c\to a^+}\int_c^b f(x)dx$. 这时也称广义积分$\int_a^b f(x)dx$收敛，如果上述极限不存在，则称广义积分$\int_a^b f(x)dx$发散．

(2) 设函数$f(x)$在$[a,b)$上连续，而$\lim\limits_{x\to b^-}f(x)=\infty$. 取$a<c<b$，如果极限$\lim\limits_{c\to b^-}\int_a^c f(x)dx$存在，则此极限值称为函数$f(x)$在$[a,b)$上的广义积分，仍记作$\int_a^b f(x)dx$，即$\int_a^b f(x)dx=\lim\limits_{c\to b^-}\int_a^c f(x)dx$. 这时也称广义积分$\int_a^b f(x)dx$收敛，否则，就称广义积分$\int_a^b f(x)dx$发散．

(3) 设$f(x)$在$[a,b]$上除点$c(a<c<b)$外连续，而$\lim\limits_{x\to c}f(x)=\infty$，如果两个广义积分$\int_a^c f(x)dx$与$\int_c^b f(x)dx$都收敛，则定义广义积分$\int_a^b f(x)dx=\int_a^c f(x)dx+\int_c^b f(x)dx$，否则，就称广义积分$\int_a^b f(x)dx$发散．

【注】当$f(x)\geq 0$且$\lim\limits_{x\to a^+}f(x)=+\infty$时，广义积分$\int_a^b f(x)dx$就是曲线$y=f(x)$，$x=a$，$x=b$，$x$轴所围开口图形的面积．

例 4　计算广义积分$\int_0^1\frac{1}{\sqrt{x}}dx$.

解：$\int_0^1\frac{dx}{\sqrt{x}}=\lim\limits_{c\to 0^+}\int_c^1\frac{1}{\sqrt{x}}dx=\lim\limits_{c\to 0^+}\left(2\sqrt{x}\Big|_c^1\right)=\lim\limits_{c\to 0^+}(2-2\sqrt{c})=2.$

例 5 证明广义积分$\int_0^1 \frac{1}{x^q}\mathrm{d}x$当$q<1$时收敛，当$q \geq 1$时发散（这里$q>0$）.

证明：当$q=1$时，

$$\int_0^1 \frac{1}{x}\mathrm{d}x = \lim_{c \to 0^+}\int_c^1 \frac{1}{x}\mathrm{d}x = \lim_{c \to 0^+}\left[\ln x \Big|_c^1\right] = -\lim_{c \to 0^+}\ln c = +\infty;$$

当$q \neq 1$时，

$$\int_0^1 \frac{1}{x^q}\mathrm{d}x = \lim_{c \to 0^+}\int_c^1 \frac{1}{x^q}\mathrm{d}x = \lim_{c \to 0^+}\left[\frac{x^{1-q}}{1-q}\Big|_c^1\right] = \begin{cases} \frac{1}{1-q} & q<1 \\ +\infty & q>1 \end{cases};$$

因此，广义积分$\int_0^1 \frac{1}{x^q}\mathrm{d}x$当$q<1$时收敛于$\frac{1}{1-q}$，当$q \geq 1$时发散.

三、学法建议

1. 本节的重点是理解无穷区间的广义积分和无界函数的广义积分的定义.
2. 熟练掌握广义积分的求法，知道会求定积分会求极限就会求广义积分.
3. 无穷区间的广义积分今后学习概率论时要用.

习题 5-5

1. 判断下列各广义积分的敛散性，如果收敛，则计算广义积分的值：

(1) $\int_1^{+\infty} \frac{1}{(1+x)\sqrt{x}}\mathrm{d}x$； (2) $\int_{-\infty}^{+\infty} \frac{1}{x^2+2x+2}\mathrm{d}x$；

(3) $\int_1^2 \frac{x}{\sqrt{x-1}}\mathrm{d}x$； (4) $\int_{-\frac{\pi}{4}}^{\frac{3}{4}\pi} \frac{1}{\cos^2 x}\mathrm{d}x$.

2. 因为$f(x)=\frac{x}{1+x^2}$是奇函数，所以$\int_{-\infty}^{+\infty} \frac{x}{1+x^2}\mathrm{d}x=0$，对吗？

3. $\int_{-1}^1 \frac{1}{x^2}\mathrm{d}x = -\frac{1}{x}\Big|_{-1}^1 = -2$，正确吗？

习题 5-5 答案与提示

1. （1）$\frac{\pi}{2}$.　　（2）π.　　（3）$2\frac{2}{3}$.　　（4）发散．

2. 答：不对．因为广义积分$\int_0^{+\infty}\frac{x}{1+x^2}\mathrm{d}x$发散，所以广义积分$\int_{-\infty}^{+\infty}\frac{x}{1+x^2}\mathrm{d}x$是发散的．

3. 答：不正确．因为$\int_0^1\frac{1}{x^2}\mathrm{d}x$是发散的，所以广义积分$\int_{-1}^1\frac{1}{x^2}\mathrm{d}x$是发散的．

总复习题五

一、单项选择

1. $f(x)$ 在$[a,b]$上连续是$\int_a^b f(x)\mathrm{d}x$存在的（　　）.

A. 必要条件　　B. 充要条件

C. 充分条件　　D. 既不充分条件也不必要条件

2. 已知 $F(x)$ 是$f(x)$ 的原函数，则$\int_a^x f(t+a)\mathrm{d}t=$（　　）．

A. $F(x)-F(a)$　　B. $F(t+a)-F(2a)$

C. $F(x+a)-F(2a)$　　D. $F(t)-F(a)$

3. 下列各式中正确的是（　　）．

A. $0<\int_1^e(1-\ln x)\mathrm{d}x<\frac{1}{e}$　　B. $-\frac{1}{e}<\int_1^e(1-\ln x)\mathrm{d}x<0$

C. $0\le\int_1^e(1-\ln x)\mathrm{d}x\le e-1$　　D. $1<\int_1^e(1-\ln x)\mathrm{d}x<e$

4. $\frac{\mathrm{d}}{\mathrm{d}x}\left(\int_1^{x^2}t^2\sqrt{1+t}\,\mathrm{d}t\right)=$（　　）．

A. $x^2\sqrt{1+x}$　　B. $x^2\sqrt{1+x}-\sqrt{2}$

C. $x^4\sqrt{1+x^2}$　　D. $2x^5\sqrt{1+x^2}$

5. $\int_{-2}^{2}(x^3+4)\sqrt{4-x^2}\,dx=$ (　　).

A. 8π　　B. 6π　　C. 4π　　D. 0

6. 已知 $\int_0^a x(2-3x)\,dx=2$ 则 $a=$ (　　).

A. 1　　B. -1　　C. 0　　D. 2

7. 下列广义积分发散的是（　　）.

A. $\int_0^{+\infty}\frac{dx}{1+x^2}$　　B. $\int_0^1\frac{1}{\sqrt{1-x^2}}dx$　　C. $\int_0^{+\infty}\frac{\ln x}{x}dx$　　D. $\int_0^{+\infty}e^{-x}dx$

8. 若 $f(x)=\begin{cases}x & x\geq 0\\ e^x & x<0\end{cases}$，则 $\int_{-1}^{2}f(x)\,dx=$ (　　).

A. $3-e^{-1}$　　B. $3+e^{-1}$　　C. $3-e$　　D. $3+e$

9. 若 $\int_1^e\frac{1}{x}f(\ln x)\,dx=\int_a^b f(u)\,du$，则（　　）.

A. $a=0$，$b=1$　B. $a=0$，$b=e$　C. $a=1$，$b=0$　D. $a=e$，$b=1$

10. 若 $\int_{-\infty}^{0}e^{kx}dx=\frac{1}{3}$，则 $k=$ (　　).

A. $\frac{1}{3}$　　B. $-\frac{1}{3}$　　C. 3　　D. -3

二、填空题

1. $\int_{-1}^{1}xe^{-|x|}dx=$ ____.

2. 设 $F(x)=\int_x^2\sqrt{3+t^2}\,dt$，则 $F'(1)=$ ____.

3. 若 $\int_1^a(2x+1)\,dx=4$，则 $a=$ ____.

4. 函数 $F(x)=\int_0^x\frac{3t}{t^2-t+1}dt$ 在区间[0，1]上的最小值为 ____.

5. 若 $\lim\limits_{x\to\infty}\left(\frac{x+c}{x-c}\right)^x=\int_{-\infty}^{c}te^{2t}dt$，则 $c=$ ____.

6. $\int_0^{2\pi}|\sin x|\,dx=$ ____.

7. $a\int_0^1 xf(x^2)\mathrm{d}x = \int_0^1 f(x)\mathrm{d}x$，则 $a =$ ____ .

8. $\lim\limits_{x\to 0}\dfrac{\int_0^x \sin t\mathrm{d}t}{x^2} =$ ____ .

三、计算题

1. 求下列定积分：

(1) $\int_0^1 \dfrac{2x+3}{1+x^2}\mathrm{d}x$；　　(2) $\int_0^{\frac{1}{2}} \dfrac{1+x}{\sqrt{1-x^2}}\mathrm{d}x$；

(3) $\int_0^1 x^3 \mathrm{e}^{x^2}\mathrm{d}x$；　　(4) $\int_0^1 \dfrac{x^2}{(1+x^2)^3}\mathrm{d}x$；

(5) $\int_{\sqrt{\mathrm{e}}}^{\mathrm{e}} \dfrac{1}{\sqrt{\ln x(1-\ln x)}}\mathrm{d}x$；　　(6) $\int_0^{\frac{\pi}{2}} \mathrm{e}^{2x}\cos x\mathrm{d}x$.

2. 已知 $f(x)$ 连续且满足 $\int_0^x f(t)\mathrm{d}t = x^4 + x^2 - x\int_0^1 f(x)\mathrm{d}x$，求 $f(x)$ 的表达式 .

3. 若 $g(x) = x^k \mathrm{e}^{2x}$，$f(x) = \int_0^x \mathrm{e}^{2t}(3t^2+1)^{\frac{1}{2}}\mathrm{d}t$，且 $\lim\limits_{x\to+\infty}\dfrac{f'(x)}{g'(x)} = \dfrac{\sqrt{3}}{2}$，求 k 值 .

4. 已知 $\int_1^{+\infty}\left(\dfrac{2x^2+bx+a}{2x^2+ax}-1\right)\mathrm{d}x = 1$，求 a，b 值 .

四、应用题

1. 在抛物线 $4y = x^2$ 上有一点 P，已知该点的法线与抛物线所围成的弓形面积为最小，求 P 点坐标 .

2. 求由曲线 $y = x^3 - 2x$ 与 $y = x^2$ 所围成的平面图形面积 .

3. 求由曲线 $y = \sqrt{x}$ 与直线 $y = x - 2$ 及 $y = 0$ 所围成的平面图形的面积及其绕 x 轴旋转一周所得旋转体体积 .

4. 求圆 $\rho = \sqrt{2}\sin\theta$ 与双纽线 $\rho^2 = \cos 2\theta$ 的公共部分的面积 .

五、证明题

1. 设 $F(x) = \int_0^{\sin^2 x}\arcsin\sqrt{t}\,\mathrm{d}t + \int_0^{\cos^2 x}\arccos\sqrt{t}\,\mathrm{d}t$，求证：在 $(0, \dfrac{\pi}{2})$ 上有 $F(x) = \dfrac{\pi}{4}$.

2. 若函数 $f(x)$ 与 $\varphi(x)$ 均在区间 $[a, b]$ 上连续，又在区间 $[a, b]$ 上

$\varphi(x)\geq 0$, 求证：在$[a, b]$上至少存在一点ξ，使$\int_a^b f(x)\varphi(x)\mathrm{d}x=f(\xi)\int_a^b\varphi(x)\mathrm{d}x$.

3. 证明：$x>0$时，$\int_x^1\frac{\mathrm{d}t}{1+t^2}=\int_1^{\frac{1}{x}}\frac{\mathrm{d}t}{1+t^2}$.

总复习题五答案与提示

一、1. C.　2. C.　3. C.　4. D.　5. A.

6. B.　7. C.　8. A.　9. A.　10. C.

二、1. 0.　2. −2.　3. 2 或−3.　4. 0.

5. $\frac{5}{2}$.　6. 4.　7. 2.　8. $\frac{1}{2}$.

三、1. (1) $\ln 2+\frac{3}{4}\pi$.　(2) $\frac{\pi}{6}-\frac{\sqrt{3}}{2}+1$.　(3) $\frac{1}{2}$.

(4) $\frac{\pi}{32}$.　(5) $\frac{\pi}{2}$.　(6) $\frac{1}{5}(\mathrm{e}^{\pi}-2)$.

2. $f(x)=4x^3+2x-1$.　3. $k=1$.　4. $a=b=2\mathrm{e}-2$.

四、1. p点坐标为$p(\pm 2, 1)$.　2. $\frac{37}{12}$.

3. 面积$S=\frac{10}{3}$，体积$V=\frac{16}{3}\pi$.　4. $\frac{\pi}{6}+\frac{1-\sqrt{3}}{2}$

五、1. 先求$F(\frac{\pi}{4})=\frac{\pi}{4}$，再证$F'(x)=0$即可.

2. $m\varphi(x)\leq f(x)\varphi(x)\leq M\varphi(x)$，其中$M$，$m$为$f(x)$的最大值与最小值，利用定积分的单调性及连续函数介值定理可得.

3. 令$t=\frac{1}{u}$换元证明.

附录　常见的中学数学公式

一、实数的运算

1. 当实数 $a \neq 0$，$a^0 = 1$，$a^{-n} = \frac{1}{a^n}$.
2. 负实数无偶次方根；$a > 0$ 时，a 的平方根是 $\pm\sqrt{a}$，其中$\sqrt{a}$ 称为算术根.
3. 在运算有意义的前提下，$a^{\frac{n}{m}} = \sqrt[m]{a^n}$.
4. $a^m a^n = a^{m+n}$，$(a^m)^n = a^{mn}$，$a^m b^m = (ab)^m$.

二、绝对值

1. 定义：$|a| = \begin{cases} a & a > 0 \\ 0 & a = 0 \\ -a & a < 0 \end{cases}$ 称为实数 a 的绝对值.

注：$|a|$ 是数轴上与 a 对应的点到原点的距离.

2. 性质：

(1) $|a| \geq 0$

(2) $|-a| = |a|$

(3) $|ab| = |a||b|$

(4) $\left|\frac{b}{a}\right| = \left|-\frac{b}{a}\right|$　$(a \neq 0)$

(5) $|a|^2 = a^2$

(6) $-|a| \leq a \leq |a|$

(7) $|a+b| \leq |a| + |b|$

(8) $|a-b| \geq ||a| - |b||$

(9) $|x| < a \Leftrightarrow -a < x < a$；$|x| > a \Leftrightarrow x > a$ 或 $x < -a$

三、常见的乘法公式

1. $(a \pm b)^2 = a^2 \pm 2ab + b^2$
2. $(a \pm b)^3 = a^3 \pm 3a^2b + 3ab^2 \pm b^3$
3. $(a+b+c)^2 = a^2 + b^2 + c^2 + 2ab + 2bc + 2ac$
4. $(a+b)(a-b) = a^2 - b^2$，$(\sqrt{a}+\sqrt{b})(\sqrt{a}-\sqrt{b}) = a - b$
5. $(a \pm b)(a^2 \mp ab + b^2) = a^3 \pm b^3$

四、分式运算

1. $\frac{b}{a}$，$a \neq 0$
2. $\frac{kb}{ka} = \frac{b}{a}$，$k \neq 0$
3. $\frac{b}{a} = \frac{d}{c} \Leftrightarrow ab = bc$
4. $\frac{b}{a} + \frac{c}{a} = \frac{b+c}{a}$
5. $\frac{b}{a} + \frac{d}{c} = \frac{bc+ad}{ac}$
6. $\frac{\frac{b}{a}}{\frac{d}{c}} = \frac{bc}{ad}$

7. $\frac{1}{a(a+1)}=\frac{1}{a}-\frac{1}{a+1}$

五、一元二次方程

1. 一元二次方程的解法

(1) 求根公式法

一元二次方程 $ax^2+bx+c=0(a\neq0)$ 的根 $x_{1,2}=\frac{-b\pm\sqrt{b^2-4ac}}{2a}$.

其中 $\Delta=b^2-4ac$ 称为一元二次方程 $ax^2+bx+c=0$ 的根的判别式.

$\Delta<0$ 时方程无实根，$\Delta=0$ 时方程有两相等实根，$\Delta>0$ 时方程有两不等实根.

(2) 因式分解法(十字相乘法)

2. 韦达定理

设 x_1，x_2 是一元二次方程 $ax^2+bx+c=0(a\neq0)$ 的两个根，则 $x_1+x_2=-\frac{b}{a}$，$x_1x_2=\frac{c}{a}$.

六、不等式

1. 若 $a\geq b$，则 $a+c\geq b+c$
2. 若 $a\geq b$，则 ①$ac\geq bc(c>0)$②$ac\leq bc(c<0)$
3. 不等式(组) 的解法：

会解方程就会解不等式，会解不等式就会解不等式组.

(1) 一元一次不等式的解法

同解变形，不等式化为 $ax\leq b(a>0)$ 或 $ax\geq b(a>0)$，解得 $x\leq\frac{b}{a}$ 或 $x\geq\frac{b}{a}$.

(2) 一元二次不等式的解法

同解变形，不等式化为 $ax^2+bx+c\geq 0(a>0)$ 或 $ax^2+bx+c\leq 0(a>0)$，设 $x_1<x_2$ 是一元二次方程 $ax^2+bx+c=0$ 的两个根，则不等式的解为 $(-\infty, x_1]\cup[x_2, +\infty)$ 或 $[x_1, x_2]$.

[注]

$\Delta<0$ 时，$ax^2+bx+c\geq 0(a>0)$ 的解为 $(-\infty, +\infty)$，$ax^2+bx+c\leq 0(a>0)$ 的解为 $\varnothing$.

$\Delta=0$ 时，$ax^2+bx+c\geq 0(a>0)$ 的解为 $(-\infty, +\infty)$，$ax^2+bx+c\leq 0(a>0)$ 的解为 $x=x_1=x_2$.

(3) 含绝对值不等式的解法

同解变形，不等式化为标准形式 $|f(x)|\leq a(a>0)$ 或 $|f(x)|\geq a(a>0)$

$|f(x)|\leq a\Leftrightarrow -a\leq f(x)\leq a$，$|f(x)|\geq a\Leftrightarrow f(x)\geq a$ 或 $f(x)\leq -a$

(4) 不等式组的解法

先求不等式组中每个不等式的解集，再求它们的交集.

七、数　　列

1. 设 $\{a_n\}$ 是以 d 为公差的等差数列，则

(1) 通项公式 $a_n=a_1+(n-1)d$

(2) 前 n 项和公式 $S_n=\dfrac{n(a_1+a_n)}{2}$ 或 $S_n=na_1+\dfrac{n(n-1)}{2}d$

2. 设 $\{a_n\}$ 是以 q 为公比的等比数列，则

(1) 通项公式 $a_n=a_1q^{n-i}$

(2) 前 n 项和公式 $S_n=\dfrac{a_1(1-q^n)}{1-q}(q\neq 1)$

八、三角公式

1. 平方关系

$\sin^2 x + \cos^2 x = 1$，$1 + \tan^2 x = \sec^2 x$，$1 + \cot^2 x = \csc^2 x$

2. 商关系

$\tan x = \dfrac{\sin x}{\cos x}$，$\cot x = \dfrac{\cos x}{\sin x}$

3. 倒数关系

$\sin x \dfrac{1}{\csc x}$，$\cos x \dfrac{1}{\sec x}$，$\tan x = \dfrac{1}{\cot x}$

4. 二倍角公式

$\sin 2\alpha = \sin \alpha \cos \alpha + \sin \alpha \cos \alpha = 2\sin a \cos a$

$\cos 2\alpha = \cos^2 \alpha - \sin^2 \alpha = 2\cos^2 \alpha - 1 = 1 - 2\sin^2 \alpha$

$$\tan 2\alpha = \frac{2\tan \alpha}{1 - \tan^2 \alpha}$$

5. 万能公式

$$\sin \alpha = \frac{2\tan \frac{\alpha}{2}}{1 + \tan^2 \frac{\alpha}{2}}$$

$$\cos \alpha = \frac{1 - \tan^2 \frac{\alpha}{2}}{1 + \tan^2 \frac{\alpha}{2}}$$

$$\tan \alpha = \frac{2\tan \frac{\alpha}{2}}{1 - \tan^2 \frac{\alpha}{2}}$$

6. 和差化积公式

$$\sin \alpha + \sin \beta = 2 \sin \frac{\alpha + \beta}{2} \cos \frac{\alpha - \beta}{2}$$

$$\sin \alpha - \sin \beta = 2 \cos \frac{\alpha + \beta}{2} \sin \frac{\alpha - \beta}{2}$$

$$\cos \alpha + \cos \beta = 2 \cos \frac{\alpha + \beta}{2} \cos \frac{\alpha - \beta}{2}$$

$$\cos \alpha - \cos \beta = -2 \sin \frac{\alpha + \beta}{2} \sin \frac{\alpha - \beta}{2}$$

$$\tan \alpha + \tan \beta = \frac{\sin(\alpha + \beta)}{\cos \alpha \cos \beta}$$

7. 积化和差公式

$$\sin \alpha \cos \beta = \frac{1}{2}[\sin(\alpha + \beta) + \sin(\alpha - \beta)]$$

$$\cos \alpha \sin \beta = \frac{1}{2}[\sin(\alpha + \beta) - \sin(\alpha - \beta)]$$

$$\sin \alpha \sin \beta = \frac{1}{2}[\cos(\alpha + \beta) - \cos(\alpha - \beta)]$$

$$\cos \alpha \cos \beta = \frac{1}{2}[\cos(\alpha + \beta) + \cos(\alpha - \beta)]$$

八、排列组合

1. 加法原理与乘法原理

(1) 加法原理

做一件事有 n 类方法，第 i 类方法中有 m_i 种不同的方法，则完成这件事共有 $N = m_1 + m_2 + \cdots + m_n$ 种不同的方法．

(2) 乘法原理

做一件事需分 n 个步骤完成，第 i 个步骤有 m_i 种不同的方法完成，则完成这件事共有 $N = m_1 * m_2 * \cdots * m_n$ 种不同的方法．

2. 排列

(1) $P_n^m = n(n-1)(n-2)\cdots(n-m+1)$

(2) $P_n^n = n(n-1)(n-2)\cdots 1 = n!$

3. 组合

(1) $C_n^m = \dfrac{P^m}{P_m^m} = \dfrac{n(n-1)(n-2)\cdots(n-m+1)}{m!} = \dfrac{n!}{m!\,(n-m)!}$

(2) $C_n^m = C_n^{n-m}$

(3) $C_{n+1}^m = C_n^m + C_n^{m-1}$

(4) 排列与顺序有关，而组合与顺序无关．

4. 二项式定理

$(a+b)^n = \sum_{r=0}^{n} C_n^r a^{n-r} b^r$，其中 $C_n^r = \dfrac{n!}{r!\,(n-r)!}$．